高等职业教育系列教材

单片机基础及应用项目式教程

主　编　徐宏英

副主编　李　毅　赵鹏举　童世华

参　编　何桂兰　瞿　芳　佘明洪　余建军

机械工业出版社

本书以宏晶公司的 STC89C52RC 单片机为例,采用"项目和任务驱动"模式编写,将单片机基础知识点分解到 8 个项目中,每个项目包含 2~3 个任务。知识点涉及单片机基本结构、开发环境使用、单片机显示器工作原理及应用、单片机键盘工作原理及应用、单片机中断和定时器工作原理、单片机串行通信原理及应用、单片机 A/D 转换和 D/A 转换原理、基于单片机的电动机控制原理及应用。

本书适合高职高专电子、通信、电气计算机应用相关专业学生使用,也可作为从事单片机开发的工程技术人员的培训教材,还可以作为电子设计爱好者初学单片机的参考用书。

本书提供配套的电子课件、视频、硬件电路图、元器件清单、程序源码、试题集,需要的教师可登录 www.cmpedu.com 进行免费注册,审核通过后即可下载;或者联系编辑索取(QQ:1239258369,电话:010-88379739)。

图书在版编目(CIP)数据

单片机基础及应用项目式教程/徐宏英主编 . —北京:机械工业出版社,2018.1 (2025.1 重印)
高等职业教育系列教材
ISBN 978-7-111-58550-3

Ⅰ. ①单… Ⅱ. ①徐… Ⅲ. ①单片微型计算机-高等职业教育-教材
Ⅳ. ①TP368.1

中国版本图书馆 CIP 数据核字(2017)第 288280 号

机械工业出版社(北京市百万庄大街 22 号 邮政编码 100037)
策划编辑:李文轶   责任编辑:李文轶
责任校对:张艳霞   责任印制:单爱军
北京虎彩文化传播有限公司印刷

2025 年 1 月第 1 版·第 4 次印刷
184mm×260mm·15.5 印张·376 千字
标准书号:ISBN 978-7-111-58550-3
定价:45.00 元

电话服务   网络服务
客服电话:010-88361066   机 工 官 网:www.cmpbook.com
          010-88379833   机 工 官 博:weibo.com/cmp1952
          010-68326294   金 书 网:www.golden-book.com
封底无防伪标均为盗版   机工教育服务网:www.cmpedu.com

前　言

"单片机基础及应用"是计算机应用相关专业课程模块中的核心课程之一，在电子、通信、电气、计算机应用相关专业中占据着非常重要的地位，该课程旨在培养高职高专学生单片机系统硬件设计、软件编程及系统调试能力。

本书是在教育部《关于全面提高高等职业教育教学质量的若干意见》的精神指导下，采取基于"建构主义"教育理论的"项目和任务驱动教学法"开发的高职单片机课程教材。其特点如下：

- 本书编写模式采用"项目和任务驱动教学法"，由8个项目组成，每个项目分成2~3个任务，项目内容基本覆盖到单片机的基础性内容。
- 本书共涉及电路有17个，其电路图以及所需要的器材在本书中已详细给出，教学过程中学生在老师的带领下完成这些电路的焊接。
- 每个任务下需要学生完成从硬件电路设计、硬件电路焊接、软件编程到最后的软硬件联合调试，虽然整个过程大家在做同样的事情，但每个学生会呈现不一样的问题。发现问题、分析问题、解决问题是学生学习能力培养的重要内容。
- 本书与实际生活密切联系，学生学完以后可以在老师的指导下完成智能小车控制。
- 本书所有任务的制作无需特定厂家硬件设备支持，同学们均可自行购买元器件独立完成，本书配套提供了视频、电路图、程序源码、试题集和课件，可免费索取。

本书是机械工业出版社组织出版的"高等职业教育系列教材"之一，由重庆电子工程职业学院计算机学院徐宏英担任主编并统稿，赵鹏举、童世华、李毅担任副主编，何桂兰、瞿芳、佘明洪和余建军参编。此外，在编写的过程中得到了重庆电子工程职业学院副校长龚小勇和计算机学院院长武春岭的大力支持与帮助。最后特别感谢工业机器人专业1402班的海维同学，嵌入式技术专业1501班的张高云同学、廖恒同学，他们完成了本书所有任务的电路焊接、程序验证和系统调试。

重庆电子工程职业学院陈学平教授对全书进行了审阅，并提出了许多宝贵意见和建议，在此表示衷心的感谢。

由于编者水平有限，书中难免有错误和疏漏之处，敬请读者批评指正。

编　者

目　　录

项目 1　单片机最小系统的设计与制作

【知识目标】

1. 理解单片机定义及应用领域
2. 掌握单片机的基本结构
3. 掌握单片机最小系统的电路组成

【能力目标】

1. 掌握常见元器件的识别和检测方法
2. 掌握常见仪器仪表使用方法
3. 掌握单片机最小系统的制作

任务 1.1　单片机最小系统的设计

1.1.1　单片机概述

单片机是一种集成电路芯片，是采用超大规模集成电路技术把具有数据处理能力的中央处理单元 CPU、随机存储器 RAM、只读存储器 ROM、并行 I/O、串行 I/O、中断系统、定时器/计数器及系统总线集成到一块硅片上，构成一个小而完善的微型计算机系统，在工业控制领域广泛应用。

单片机诞生于 1971 年，根据其基本操作处理的二进制位数分为：4 位单片机、8 位单片机、16 位单片机和 32 位单片机。单片机的发展历史大致可分为 4 个阶段。

第 1 阶段（1974 年—1976 年）：单片机初级阶段。因工艺限制，单片机采用双片的形式而且功能比较简单。比如 Inetl4004、仙童公司推出的 F8 单片机。

第 2 阶段（1976 年—1978 年）：低性能单片机阶段。Intel 的 MCS-48 系列单片机，该系列单片机集成 8 位 CPU、并行 I/O 接口、8 位定时/计数器，寻址范围不大于 4 KB，且无串行口。

第 3 阶段（1978 年—1983 年）：高性能单片机阶段。Zilog 公司推出的 Z8 单片机，Intel 公司推出的 MCS-51 系列，Mortorola 推出的 6801 单片机等是本阶段单片机的代表。这类单片机带有串行 I/O 口、多级中断系统、16 位定时器/计数器、8 位数据线和 16 位地址线（寻址范围可达 64 KB），有的片内还带有 A/D 转换器。这类单片机性价比高，是目前应用数量最多的单片机。

第 4 阶段（1983 年至今）：8 位单片机巩固发展及 16 位单片机、32 位单片机推出阶段。16 位单片机的数据处理速度和性能比 8 位单片机有较大提高，典型产品有 Intel 公司的 MCS

−96 系列单片机。32 位单片机是单片机发展趋势，目前 32 位单片机主要应用在高端产品上，以英国 ARM 公司设计的处理器内核为代表的一系列 32 位 ARM 嵌入式微处理器应用广泛。

目前最为典型的、销量最多的仍为 51 系列单片机。它的功能强大、兼容性好、软件硬件资源丰富。因此，本书以 51 系列单片机为主。51 系列单片机是指由美国 Intel 公司及其他公司生产的具有 51 内核的单片机总称。

1. Intel 公司生产的 51 单片机基本类型——8051、8031 和 8751

8051 芯片内程序存储器（ROM）为掩膜型的只读存储器，即在制造芯片时已将应用程序固化在内；8031 芯片内无 ROM，使用时需外接 ROM；8751 内的 ROM 是电可擦可编程读写存储器（EPROM）型，即固化的应用程序可以方便修改。这 3 种基本型都采用高密度金属氧化物半导体工艺（HMOS 工艺），除此之外还有低功耗型的互补金属氧化物半导体工艺（CMOS 工艺）器件，如 80C51、80C31、87C51 等。

2. Atmel 公司生产的 AT89 系列单片机

该系列单片机与 Intel 8051 系列兼容，该公司将电可擦可编程读写存储器（EEPROM）电可擦除技术和闪存（Flash Memory）技术引入到 51 系列单片机中，使用户可在线编程，便于程序的修改和完善。

3. Philips 公司生产的 51PLC 系列单片机

该系列单片机是基于 80C51 内核的单片机嵌入了掉电检测、模拟以及片内 RC 振荡器等功能。

4. STC 系列单片机

该系列单片机是我国具有独立自主知识产权的增强型 8051 单片机，其功能与抗干扰性强，指令代码完全兼容传统 8051，速度比传统的快 8～12 倍，带模数转换器（ADC），4 路脉宽调制（PWM）输出，双串口，全球唯一 ID 号，加密性好，抗干扰性强。

常见 MCS-51 单片机型号及相关参数如表 1-1 所列。

表 1-1　常见 51 系列单片机型号及参数

公司	型号	内部存储器		I/O 端口/个	串行端口	中断源/个	定时器/个	看门狗	工作频率/MHz	A/D 通道/bit	引脚数/个
		ROM、EPROM、Flash Memory/KB	RAM/KB								
Intel	80(C)31	N	128	32	UART	5	2	N	24	N	40
	80(C)51	4ROM	128	32	UART	5	2	N	24	N	40
	87(C)51	4EPROM	128	32	UART	5	2	N	24	N	40
	80(C)32	N	256	32	UART	6	3	Y	24	N	40
	80(C)52	8ROM	256	32	UART	6	3	Y	24	N	40
	87(C)52	SEPROM	256	32	UART	6	3	Y	24	N	40
Atmel	AT89C51	4Flash Memory	128	32	UART	5	2	N	24	N	40
	AT89C52	8Flash Memory	256	32	UART	6	3	N	24	N	40
	AT89C1051	1Flash Memory	64	15	N	2	1	N	24	N	20

公司	型号	内部存储器		I/O端口/个	串行端口	中断源/个	定时器/个	看门狗	工作频率/MHz	A/D通道/bit	引脚数/个
		ROM、EPROM、Flash Memory/KB	RAM/KB								
Atmel	AT89C2051	2Flash Memory	128	15	UART	5	2	N	25	N	20
	AT89C4051	4Flash Memory	128	15	UART	5	2	N	26	N	20
	AT89S51	4Flash Memory	128	32	UART	5	2	Y	33	N	40
	AT89S52	8Flash Memory	256	32	UART	6	3	Y	33	N	40
	AT89S53	12Flash Memory	256	32	UART	6	3	Y	24	N	40
	AT89LV51	4Flash Memory	128	32	UART	6	3	N	16	N	40
	AT89lV52	8Flash Memory	256	32	UART	8	3	N	16	N	40
STC（宏晶）	STC89C51RC	4Flash Memory	512	32/36	UART	8	3	Y	80	N	40/44
	STC89C52RC	8Flash Memory	512	32/36	UART	8	3	Y	80	N	40/44
	STC89C53RC	15Flash Memory	512	32/36	UART	8	3	Y	80	N	40/44
	STC89C54RD+	16Flash Memory	1280	32/36	UART	8	3	Y	80	N	40/44
	STC89C55RD+	20Flash Memory	1280	32/36	UART	8	3	Y	80	N	40/44
	STC89C58RD+	32Flash Memory	1280	32/36	UART	8	3	Y	80	N	40/44
	STC89C516RD+	64Flash Memory	1280	32/36	UART	8	3	Y	80	N	40/44
	STC89LE51RC	4Flash Memory	512	32/36	UART	8	3	Y	80	N	40/44
	STC89LE52RC	8Flash Memory	512	32/36	UART	8	3	Y	80	N	40/44
	STC89LE53RC	15Flash Memory	512	32/36	UART	8	3	Y	80	N	40/44
	STC89LE54RD+	16Flash Memory	1280	32/36	UART	8	3	Y	80	N	40/44
	STC89LE58RD+	32Flash Memory	1280	32/36	UART	8	3	Y	80	N	40/44
	STC89LE516RD+	64Flash Memory	1280	32/36	UART	8	3	Y	80	N	40/44
	STC89LE516AD	64Flash Memory	512	32/36	UART	6	3		90	√	40/44

单片机广泛应用于如下几个领域。

1. 智能仪器仪表

单片机广泛应用于仪器仪表中，结合不同类型的传感器，可实现电压、功率、频率、湿度、温度、流量、速度、厚度、角度等物理量的测量。而且采用单片机控制可以使仪器仪表数字化、智能化、微型化，功能更强大。如功率计、示波器等各种分析仪。

2. 工业控制

工业自动化控制是最早采用单片机控制的领域之一。用单片机可以构成形式多样的控制系统、数据采集系统。如工厂流水线的智能化管理、电梯智能化控制、各种报警系统、与计算机联网构成二级控制系统等。

3. 家用电器

目前，家用电器基本上都采用了单片机控制代替传统的电子线路控制，如电饭煲、洗衣机、电冰箱、空调机、彩电、音响、电子秤等。

4. 医疗设备

单片机在医用设备中的用途相当广泛，如医用呼吸机、各种分析仪、监护仪、超声诊断设备、病床呼叫系统等。

1.1.2 单片机基本结构

1. STC89 系列单片机特点

51 系列单片机种类繁多、功能各异、应用广泛。本书以宏晶公司生产的 STC89 系列单片机为例，介绍单片机的基本原理及应用。STC89 系列单片机主要特点如下。

- 时钟周期可选：6 时钟/机器周期、12 时钟/机器周期；
- 工作电压：5.5 V~3.4 V（5 V 单片机）/3.8 V~2.0 V（3 V 单片机）；
- 工作频率范围：0~40 MHz，相当于普通 8051 的 0~80 MHz，实际工作频率可达 48 MHz；
- 程序存储器（ROM）：4 KB、8 KB、16 KB、20 KB、32 KB、64 KB；
- 数据存储器（RAM）：512 KB、1280 KB；
- 通用 I/O 端口（32/36 个），DIP 封装单片机 I/O 端口 32 个，其他封装 I/O 端口 36 个。复位后为普通 8051 传统 I/O 端口，P0 端口是开漏输出，作为总线扩展用，不用加上拉电阻，若作为 I/O 端口用，则需加上拉电阻。
- ISP（在系统可编程）/IAP（在应用可编程），无需专用编程/仿真器，可通过串口（P3.0/P3.1）直接下载用户程序；
- EEPROM 功能；
- 看门狗；
- 共 3 个 16 位定时器/计数器，即定时器 T0、T1、T2，其中定时器 0 可以当成 2 个 8 位定时器；
- 8 个中断源，中断优先级 4 级。外部中断 4 路，下降沿中断或低电平触发中断，Power Down 模式可由外部中断低电平触发中断方式来唤醒；
- 通用异步串行口（UART），还可用定时器软件实现多个 UART；
- 内部集成 MAX810 专用复位电路（D 版本）；
- 工作温度范围：0℃~75℃（商业级）/-40℃~85℃（工业级）；
- 封装：LQFP-44，PDIP-40，PLCC-44，PQFP-44。

2. STC89 系列单片机内部结构

STC89 系列单片机内部结构图如图 1-1 所示。

CPU 是单片机的核心，它的作用是读入指令、分析指令和控制单片机各功能部件协同工作，CPU 由运算器、控制器和若干寄存器组成。

（1）运算器

运算器也称作算术逻辑单元（Arithmetic Logic Unit，ALU），运算器的主要功能是实现算术和逻辑运算。由于 ALU 内部没有寄存器，参加运算的操作数，存放在累加器 A 中。累加器 A 主要存放参加运算的操作数和中间结果，使用频繁。

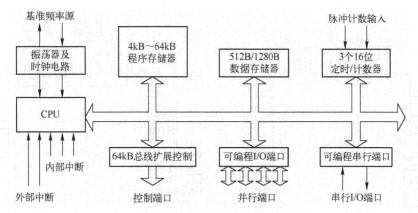

图 1-1　STC89 系列单片机内部结构图

（2）控制器

控制器是单片机的指挥部件，主要任务是识别指令、控制各功能部件、保证各部分有序工作。主要包括指令寄存器（IR）、指令译码器（ID）、程序计数器（PC）、程序地址寄存器（AR）、数据寄存器（DR）。

- 指令寄存器（IR）：用于存放即将执行的指令代码。
- 指令译码器（ID）：用于对指令进行译码，根据译码器输出的电信号，CPU 控制其他部件执行相应的操作。
- 程序计数器（PC）：用于存放将要执行的指令地址，寻址范围达 64 KB，该计数器为 16 位寄存器。程序计数器 PC 有自动加 1 功能，从而实现程序的顺序执行，也可通过转移、调用、返回等指令改变程序执行顺序。
- 程序地址寄存器（AR）：用于存放将要寻址的外部存储器单元的地址信息。
- 数据寄存器（DR）：用于存放读取的外部存储器的数据。

（3）其他寄存器

除了运算器和控制器，CPU 还包含一些常见的寄存器，如累加器 A、寄存器 B、程序状态寄存器（PSW）等。累加器 A 的功能是存放参加运算的操作数和中间结果；寄存器 B 的功能主要是在乘除法运算中，存放参加运算的操作数；程序状态寄存器（PSW）的功能是记录 CPU 的状态，如是否有加减法的进位、借位，数据存储是否有溢出等。

除了 CPU 外，单片机基本结构还包含程序存储器、数据存储器、通用 I/O 接口、串行口、定时/计数器和总线扩展控制等。

3. STC89 系列单片机封装及引脚

STC89 系列单片机有 4 种封装：PLCC-44、LQFP-44、PQFP-44、PDIP-40。前 3 种封装引脚数目为 44，PDIP 封装引脚数目为 40，前 3 种封装增加了 P4 口（即 P4.0、P4.1、P4.2 和 P4.3）。PDIP 封装的 STC89 系列单片机与常见的 51 单片机封装一致。STC89 系列单片机 3 种不同封装引脚图如图 1-2 所示。

STC89 系列单片机 PDIP 封装的 40 个引脚可以分为 4 类。

（1）电源引脚

V_{CC}（40）：电源。

V_{SS}（20）：接地。

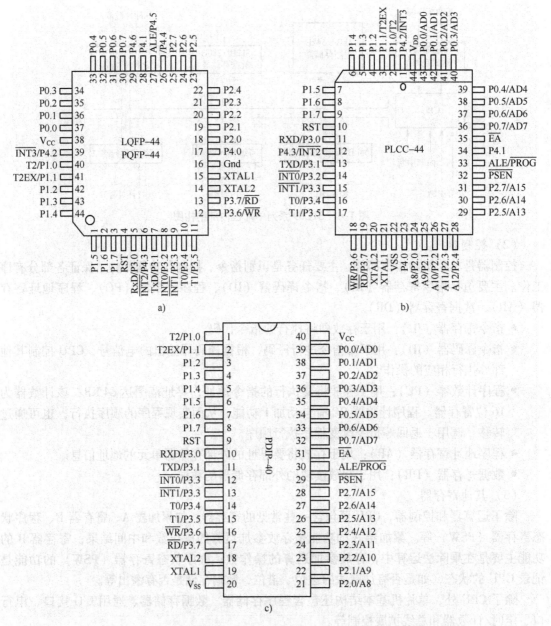

图 1-2　STC89 系列单片机（LQFP、PLCC、PDIP）封装引脚图

a）LQFP 封装引脚图　b）PLCC 封装引脚图　c）PDIP 封装引脚图

（2）外接晶振引脚

XTAL1（19）：接外部晶体的一端，振荡反向放大器的输入端和内部时钟电路输入端。

XTAL2（18）：接外部晶体的另一端，振荡反向放大器的输出端。

（3）控制引脚

RST（9）：复位端。当单片机在运行时，只要此引脚上出现两个机器周期的高电平即可实现复位。

ALE/PROG（30）：地址锁存使能端或编程脉冲输入端。当访问外部存储器时，输出脉

6

冲锁存地址的低字节。不访问外部存储器时，ALE 输出信号恒定为晶振振荡频率的 1/6，可做外部时钟或定时使用。当作为编程脉冲输入端时用$\overline{\text{PROG}}$引脚，它是在进行程序下载时使用。

$\overline{\text{PSEN}}$（29）：访问外部程序存储器的选通信号。当单片机访问外部存储器，读取指令码时，PSEN引脚在每个机器周期产生两次有效信号，即该引脚输出两个负脉冲选通信号；在执行片内程序存储器读取指令码及读写外部数据时，不产生PSEN脉冲信号。

$\overline{\text{EA}}$（31）：单片机访问内部或外部程序存储器的选通信号。如果EA为低电平，则单片机从外部程序存储器（0000H~FFFFH 单元）开始执行；如果 EA 保持高电平，则单片机从片内 0000H 单元开始执行内部程序存储器程序，如果外部还有扩展程序存储器，则在执行完内部程序存储器程序后，自动转向外部程序存储器执行程序。

（4）I/O 引脚

1）P0（P0.0~P0.7/AD0~AD7）（39~32）

P0 端口是一个漏极开路的 8 位双向 I/O 端口。作为输出端口，每个引脚能驱动 8 个TTL 负载，对端口 P0 写入"1"时，可以作为高阻抗输入。在访问外部程序和数据存储器时，P0 端口可作为低 8 位地址和 8 位数据的复用总线。

2）P1（P1.0~P1.7）（1~8）

P1 端口是一个带内部上拉电阻的 8 位双向 I/O 端口。P1 端口可驱动 4 个 TTL 负载，对端口写入"1"时，通过内部上拉电阻把端口拉到高电位，可做输入端口。当作为输入端口时，因为有外部上拉电阻，那些被外部拉低的引脚会输出一个电流。此外，P1.0 和 P1.1 还可以作为定时/计数器 2 的外部计数输入（P1.0/T2）和定时器/计数器 2 的触发输入（P1.1/T2EX）。P1.0 和 P1.1 引脚的复用功能见表 1-2。

表 1-2　P1.0 和 P1.1 引脚的复用功能

引　脚　号	功能特性	复用功能
P1.0	T2	定时/计数器 2 外部计数脉冲输入
P1.1	T2EX	定时/计数 2 捕获/重装触发和方向控制

3）P2（P2.0~P2.7/AD9~AD15）（21~28）

P2 端口是一个带内部上拉电阻的 8 位双向 I/O 口。P2 端口可驱动 4 个 TTL 负载，对端口写入"1"时，通过内部上拉电阻把端口拉到高电位，可做输入端口。当作为输入端口时，因为有外部上拉电阻，那些被外部拉低的引脚会输出一个电流。P2 端口在访问外部程序存储器或 16 位地址的外部数据存储器时，P2 送出高 8 位地址数据；在访问 8 位地址的外部数据存储器时，P2 口输出 P2 锁存器的内容。

4）P3（P3.0~P3.7）（10~17）

P3 端口可驱动 4 个 TTL 负载，对端口写入"1"时，通过内部上拉电阻把端口拉到高电位，可做输入端口。当作为输入端口时，因为有外部上拉电阻，那些被外部拉低的引脚会输出一个电流。P3 端口处作为一般 I/O 端口外，还具有复用功能。P3 端口的复用功能详见表 1-3。

表 1-3　P3 端口的复用功能

引 脚 号	功能特性	类 型
P3.0	RxD（串行输入端口）	INPUT
P3.1	TxD（串行输出端口）	OUTPUT
P3.2	$\overline{\text{INT0}}$（外部中断 0）	INPUT
P3.3	$\overline{\text{INT1}}$（外部中断 1）	INPUT
P3.4	T0（定时器/计数器 0 外部输入）	INPUT
P3.5	T1（定时器/计数器 1 外部输入）	INPUT
P3.6	$\overline{\text{WR}}$（外部数据存储器写信号）	OUTPUT
P3.7	$\overline{\text{RD}}$（外部数据存储器读信号）	OUTPUT

4. STC89 系列单片机存储器

STC89 系列单片机种类繁多，不同型号单片机内部结构基本一致，不同之处主要体现在内部存储器容量不同，详见表 1-1。下面以常见的 STC89C52RC 为例介绍 51 单片机的存储器结构。STC89C52RC 是一种低功耗、高性能、CMOS 的 8 位控制器，具有 8 KB 可编程 Flash 存储器，512BRAM，内置 4 KB 的 EEPROM 存储空间。

根据程序和数据存储方式不同，计算机存储结构可以分为冯·诺依曼结构（普林斯顿结构）和哈佛结构。冯·诺依曼结构是一种将程序存储器和数据存储器并在一起的存储器结构。程序和数据共同使用一个存储空间，程序存储地址和数据存储地址指向同一个存储器的不同物理位置，采用单一的地址及数据总线，程序和数据的宽度相同。冯·诺依曼体系结构如图 1-3 所示。

哈佛结构是一种将程序存储和数据存储分开的存储器结构，程序和数据存储在不同的存储空间中，即程序存储器和数据存储器是两个相互独立的存储器，每个存储器独立编址、独立访问。与存储器对应有 4 套总线：程序存储器的数据总线与地址总线，数据存储器的数据总线和地址总线。这种分离的程序总线和数据总线可允许在一个机器周期内同时获取指令和操作数，从而提高了执行速度。图 1-4 所示为哈佛体系结构。

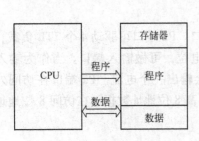

图 1-3　冯·诺依曼体系结构

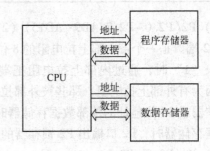

图 1-4　哈佛结构

STC89C52RC 单片机采用的程序存储器和数据存储器分开的哈佛结构。存储器从物理上可以分为内部程序存储器、外部程序存储器、内部数据存储器和外部数据存储器。存储器从逻辑上可以分为统一编址内部和外部程序存储器、分开编址内部数据存储器和外部数据存储器。

STC89C52RC 的内部有 512B 的数据存储器，其在物理和逻辑上分为两个地址空间：内部 RAM（256B）和内部扩展 RAM（256B），外部扩展 64 KB 容量的外部数据存储器。STC89C52RC 内部程序存储器 8 KB，外部可扩展程序存储器 64KB。图 1-5 为 STC89C52RC 单片机存储器结构示意。

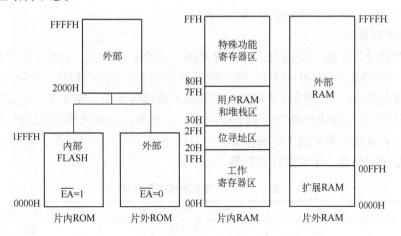

图 1-5　STC89C52RC 单片机存储器结构

（1）STC89C52RC 单片机程序存储器

由图 1-5 可知，STC89C52RC 单片机内部程序存储器的容量为 8 KB，编址范围是 0000H ~1FFFH。外部程序存储器可扩展到 64 KB，编址范围是 0000H~FFFFH。单片机是访问内部程序存储器还是外部存储器，由引脚 $\overline{EA}$（31）决定，当 $\overline{EA}$ = 1，也就是单片机 31 号引脚接高电平时，CPU 从片内 0000H 开始取指令，当 PC 值没超出 1FFFH 时，只访问片内程序存储器，当 PC 值超出 1FFFH 自动转向读片外程序存储器空间 2000H~FFFFH 范围内的程序。当 $\overline{EA}$ = 0，也就是单片机 31 号引脚接低电平时，只执行外部程序存储器空间 0000H~FFFFH 内的程序，不执行片内程序存储器内的程序。

程序存储器某些固定单元用于各中断源中断服务程序入口。因为 STC89C52RC 有 8 个中断源，所以内部程序存储器空间有 8 个特殊单元对应 8 个中断源的中断入口地址。通常这些单元没有存放中断处理子程序，而是存放一条跳转指令，CPU 执行跳转指令转向对应的中断服务子程序。表 1-4 为程序存储器 8 个中断向量入口地址。

表 1-4　中断向量入口地址

中　断　源	中断向量地址	中　断　源	中断向量地址
$\overline{INT0}$	0003H	UART	0023H
T0	000BH	T2	002BH
$\overline{INT1}$	0013H	$\overline{INT2}$	0033H
T1	001BH	$\overline{INT3}$	003BH

（2）STC89C52RC 单片机数据存储器

STC89C52RC 单片机内部数据存储器容量为 512B，外部可扩展 64KB 容量的数据存储器。STC89C52RC 单片机内部 512B 的 RAM 分 3 部分：低 128 B（00H~7FH）内部 RAM；高 128 B（80H~FFH）内部 RAM，内部扩展的 256B（00H~FFH）RAM 空间。具体分布如图 1-5 所示。

其中，低 128B（00H~7FH）RAM 又可分为工作寄存器区（00H~1FH）、位寻址区（20H~2FH）、用户 RAM 和堆栈区（30H~7FH）。

1）工作寄存器区。

工作寄存器分为 4 组，分别为工作寄存器组 0（00H~07H）、工作寄存器组 1（08H~0FH）、工作寄存器组 2（10H~17H）和工作寄存器组 3（18H~1FH），每组工作寄存器组有 8 个通用寄存器 R0~R7 表示，4 组工作寄存器不能同时使用，究竟哪一组寄存器被使用，由 PSW 程序状态寄存器的 RS0/RS1 标志位决定。工作寄存器组选择标准详见表 1-5。当单片机复位后，自动选中第 0 组工作寄存器，一旦选中了一组工作寄存器，其他 3 组的地址空间只能用作数据存储器，不能用作寄存器。

表 1-5　工作寄存器组选择标准

RS1	RS0	当前工作寄存器组号	R0~R7 的物理地址
0	0	第 0 组	00H~07H
0	1	第 1 组	08H~0FH
1	0	第 2 组	10H~17H
1	1	第 3 组	18H~1FH

2）位寻址区。

位寻址区共 16Byte，每个字节 8 位，共 128 bit，这 128 bit 用位地址编号，范围为 00H~7FH。位寻址区既可采用位寻址方式访问，也可采用字节寻址方式访问。表 1-6 为位寻址区地址表。

表 1-6　位寻址区地址表

单元地址	最高有效位			有　效　位				最低有效位
2FH	71F	7E	7D	7C	7B	7A	79	78
2EH	77	76	75	74	73	72	71	70
2DH	6F	6E	6D	6C	6B	6A	69	68
2CH	67	66	65	64	63	62	61	60
2BH	5F	5E	5D	5C	5B	5A	59	58
2AH	57	56	55	54	53	52	51	50
29H	4F	4E	4D	4C	4B	4A	49	48
28H	47	46	45	44	43	42	41	40
27H	3F	3E	3D	3C	3B	3A	39	38
26H	37	36	35	34	33	32	31	30
25H	2F	2E	2D	2C	2B	2A	29	28
24H	27	26	25	24	23	22	21	20
23H	1F	1E	1D	1C	1B	1A	19	18
22H	17	16	15	14	13	12	11	10
21H	0F	0E	0D	0C	0B	0A	09	08
20H	07	06	05	04	03	02	01	00

3）用户 RAM 和堆栈区。

地址为 30H~7FH 的单元为用户 RAM 和堆栈区，用于存放数据以及作为堆栈区使用。单片机复位后，堆栈指针 SP 的值为 06H，应通过指令修改 SP 的值，将堆栈指针指向该区域。

高 128 字节（80H~FFH）的空间和特殊功能寄存器（SFR）区的地址空间一致，但物理上两者是独立的，使用时通过不同的寻址方式加以区分。特殊功能寄存器（SFR）离散分布在该区域，其中字节地址以 0H 或 8H 结尾的特殊功能寄存器可以进行位操作，其他的只能进行字节操作。表 1-7 至表 1-14 列出了不同功能的特殊功能寄存器，这些特殊功能寄存器将在后面的项目应用中进一步讲解。

表 1-7　单片机内核特殊功能寄存器

序号	符号	功能介绍	字节地址	位地址	复位值
1	ACC	累加器	E0H	E7~E0H	0000 0000
2	B	B 寄存器	F0H	F7~F0H	0000 0000
3	PSW	程序状态字寄存器	D0H	D7~D0H	0000 0000
4	SP	堆栈指针	81H		0000 0111
5	DP0L	数据地址指针 DPTR0 低 8 位	82H		0000 0000
6	DP0H	数据地址指针 DPTR0 高 8 位	83H		0000 0000
7	DP1L	数据地址指针 DPTR1 低 8 位	84H		
8	DP1H	数据地址指针 DPTR0 高 8 位	85H		

表 1-8　单片机系统管理特殊功能寄存器

序号	符号	功能介绍	字节地址	位地址	复位值
1	PCON	电源控制寄存器	87H		0000 0000
2	AUXR	辅助寄存器	8EH		0000 0000
3	AUXR1	辅助寄存器 1	A2H		0000 0000

表 1-9　单片机中断管理特殊功能寄存器

序号	符号	功能介绍	字节地址	位地址	复位值
1	IE	中断允许控制寄存器	A8H	AF~A8H	0000 0000
2	IP	低中断优先级控制寄存器	B8H	BF~B8H	XX00 0000
3	IPH	高中断优先级控制寄存器	B7H		0000 0000
4	TCON	T0、T1 定时器/计数器控制寄存器	88H	8F~88H	0000 0000
5	SCON	串行口控制寄存器	98H	9F~98H	0000 0000
6	T2CON	T2 定时器/计数器控制寄存器	C8H	CF~C8H	0000 0000
7	XICON	扩展中断控制寄存器	C0H	C7~C0H	0000 0000

表 1-10　单片机 I/O 端口特殊功能寄存器

序号	符号	功能介绍	字节地址	位地址	复位值
1	P0	P0 锁存器	80H	87~80H	1111 1111
2	P1	P1 锁存器	90H	97~90H	1111 1111
3	P2	P2 锁存器	A0H	A7~A0H	1111 1111
4	P3	P3 锁存器	B0H	B7~B0H	1111 1111
5	P4	P4 锁存器	E8H	EF~E8H	XXXX 1111

表 1-11　单片机串行口特殊功能寄存器

序号	符号	功能介绍	字节地址	位地址	复位值
1	SCON	串行口控制寄存器	98H	9F~98H	0000 0000
2	SBUF	串行口锁存器	99H		XXXX XXXX
3	SADEN	P2 锁存器	A0H		0000 0000
4	SADDR	P3 锁存器	B0H		0000 0000

表 1-12　单片机定时/计数器特殊功能寄存器

序号	符号	功能介绍	字节地址	位地址	复位值
1	TCON	T0、T1 定时/计数控制寄存器	88H	8F~88H	0000 0000
2	TMOD	T0、T1 定时/计数方式控制寄存器	89H		0000 0000
3	TL0	定时器/计数器 0（低 8 位）	8AH		0000 0000
4	TH0	定时器/计数器 0（高 8 位）	8CH		0000 0000
5	TL1	定时器/计数器 1（低 8 位）	8BH		0000 0000
6	TH1	定时器/计数器 1（高 8 位）	8DH		0000 0000
7	T2CON	定时器/计数器 2 控制寄存器	C8H		0000 0000
8	T2MOD	定时器/计数器 2 模式寄存器	C9H		XXXX XX00
9	RCAP2L	外部输入（P1.1）计数器/自动再装入模式时初值寄存器低 8 位	CAH		0000 0000
10	RCAP2H	外部输入（P1.1）计数器/自动再装入模式时初值寄存器高 8 位	CBH		0000 0000
11	TL2	定时器/计数器 2（低 8 位）	CCH		0000 0000
12	TH2	定时器/计数器 2（高 8 位）	CDH		0000 0000

表 1-13　单片机看门狗特殊功能寄存器

序号	符号	功能介绍	字节地址	位地址	复位值
1	WDT_CONTR	看门狗控制寄存器	E1H		XX00 0000

表 1-14　单片机 ISP/IAP 特殊功能寄存器

序号	符号	功能介绍	字节地址	位地址	复位值
1	ISP_DATA	ISP/IAP 数据寄存器	E2H		1111 1111
2	ISP_ADDR	ISP/IAP 地址高 8 位	E3H		0000 0000

序号	符号	功 能 介 绍	字节地址	位地址	复位值
3	ISP_ADDRL	ISP/IAP 地址低 8 位	E4H		0000 0000
4	ISP_CMD	ISP/IAP 命令寄存器	E5H		XXXX X000
5	ISP_TRIG	ISP/IAP 命令触发寄存器	E6H		XXXX XXXX
6	ISP_CONTR	ISP/IAP 控制寄存器	E7H		000X X000

内部扩展用的 RAM 在物理上是内部的，但逻辑上是占用外部数据存储器的部分空间，需要用 MOVX 指令来访问。内部扩展 RAM 是否可以被访问是由辅助寄存器 AUXR（地址 8EH）的第 EXTRAM 位来设置详见表 1-8。

内部 RAM 不够用，需外扩数据存储器，STC89C52RC 最多可外扩参量为 64 KB 的 RAM。内部 RAM 和外部 RAM 采用不同的指令访问，内部 RAM 采用 MOV 指令，外部 RAM 采用 MOVX 指令，需要注意的是访问外部扩展 RAM 存储器也是用 MOVX 指令实现的。

1.1.3　单片机最小系统的电路组成

单片机最小系统指用最少的元件组成的单片机可以工作的系统，对于 51 系列单片机来说，最小系统一般包括单片机、晶振电路、复位电路、电源电路、ROM 选择电路，图 1-6 为单片机最小系统结构示意图。

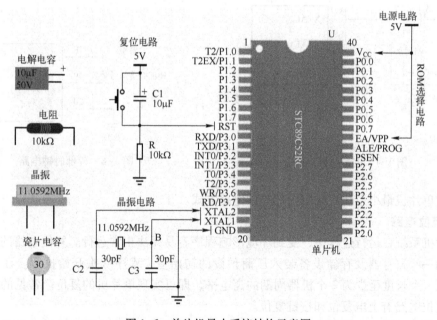

图 1-6　单片机最小系统结构示意图

1.　单片机

前面介绍了 STC89 系列单片机内部结构及主要特征，后续将以 STC89C52RC 单片机为例，讲解单片机的基本应用。STC89C52RC 是 STC 公司生产的一种低功耗、高性能、CMOS

工艺的 8 bit 微控制器，具有 8 KB 可编程 Flash 存储器，512 B 数据存储器，内置 4 KB 的 EEPROM 存储空间，可直接使用串口下载程序。该芯片采用 51 内核，与市面其他常见 51 单片机完全兼容，并比传统 51 单片机增加了不少功能。

2. 晶振电路

单片机工作时，是在统一的时钟脉冲控制下一拍一拍地进行。这个脉冲是由单片机控制器中的时序电路发出的。单片机的时序就是 CPU 在执行指令时所需控制信号的时间顺序，为了保证各部件间的同步工作，单片机内部电路应在唯一的时钟信号下严格地控制时序进行工作。时钟频率直接影响单片机的速度，时钟电路也直接影响单片机系统的稳定性。常用的时钟电路有两种方式，一种是内部时钟方式，另一种是外部时钟方式。

STC89C52RC 内部有一个用于构成振荡器的高增益反向放大器，输入端为芯片引脚 XTAL1，输出引脚 XTAL2。将这两个引脚接石英晶体振荡器和瓷片电容，就构成一个稳定的自激振荡器。晶振频率一般选取单片机允许的频率范围内，频率越高，速度越快，但功耗也高。因此根据应用要求综合考虑系统性能、功耗、谐波干扰等问题对晶振频率进行选择。晶振旁的两个瓷片电容是用来消减谐波对电路稳定性的影响，其值一般选取在 15 pF~40 pF 之间。图 1-7 为内部时钟电路。

用现成的外部振荡器产生脉冲信号，常用于单片机同时工作，以便多片单片机之间的同步。此方式利用外部振荡脉冲接入 XTAL1 或 XTAL2，对于 STC89C52RC 单片机，接线方式为外部时钟电源直接接到 XTAL1 端，XTAL2 端悬空。图 1-8 为外部时钟电路。

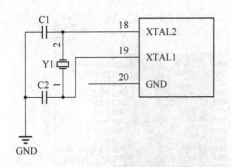

图 1-7 内部时钟电路

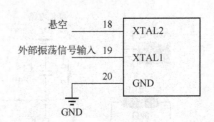

图 1-8 外部时钟电路

一般单片机最小系统中选用内部时钟电路方式。

3. 复位电路

单片机系统在运行过程中，受到环境影响程序容易无法正常运行。复位电路的作用是使单片机的一些寄存器及存储设备装入厂商预设的初始值，程序从头开始执行。在复位引脚 RST 输入一个长度至少为 2 个机器周期的高电平，即可实现单片机的复位。常见的单片机最小系统复位电路有上电复位和按键复位。

现有很多单片机内部集成了上电复位电路，因此无须外接上电复位电路。如果没有，则需将 RST 复位引脚上接电路至电源，下接电阻至地。当通电时，电容开始充电，电路相当于短路，RST 端电压为高电平；当电容充电完毕，电路断开，RST 端电压为低电平。只要电容值和电阻值选择合适，就可保证单片机复位。图 1-9 为上电复位电路。

图 1-10 为按键复位电路，当按键按下，电路导通，电容瞬间进行放电，RST 端电压处

于高电平复位状态，完成单片机复位。

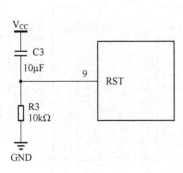

图 1-9 上电复位电路

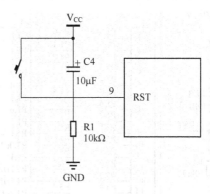

图 1-10 按键复位电路

4. 电源电路

单片机芯片的第 40 脚为正电源引脚 V_{CC}，一般外接 +5 V 电压，第 20 脚为接地引脚 GND。单片机的工作电压一般是 5 V，要获得 5 V 的电源方法很多。如采用 3 节 1.5 V 电池串联、稳压电源、5 V 的手机充电适配器、USB 接口供电。图 1-11 为电源电路。

5. ROM 选择电路

$\overline{EA}$ 引脚含义是程序存储器选择端，当 $\overline{EA}$ 接高电平，单片机从内部程序存储器开始执行；当 $\overline{EA}$ 接低电平，单片机从外部程序存储器执行。图 1-12 为 ROM 选择电路，此电路控制单片机从内部程序存储器开始执行命令。

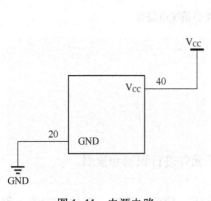

图 1-11 电源电路

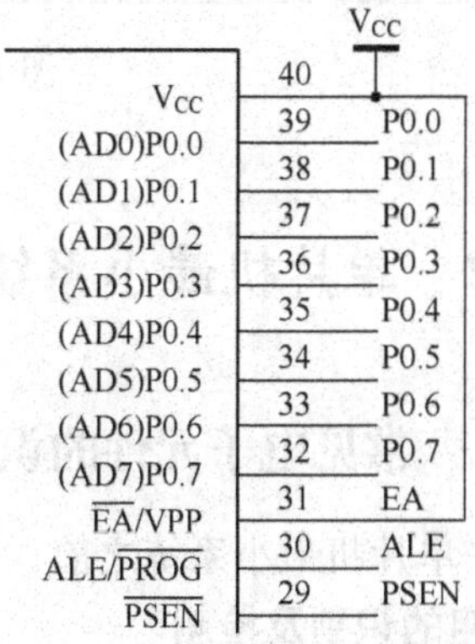

图 1-12 ROM 选择电路

综上所述，单片机最小系统由单片机、晶振电路、复位电路、电源电路和 ROM 选择电路组成。本文采用 PDIP-40 封装型 STC89C52RC 单片机，晶振电路选择内部时钟电路，晶振频率选择 11.0592 MHz，瓷片电容值 30 pF。复位电路采用按键复位电路，电解电容的值为 10 μF，电阻值为 10 kΩ，按键为四脚常开触点开关。电源电路为了方便使用，采用 USB 接口提供 +5 V 电源，并使用了电源指示灯和电源开关。单片机的 31 号引脚接 +5 V 电源，从而选择程序从内部程序存储器的 0000H 位置开始执行。使用 Altiumdesinger 软件画出单片机最小系统电路图，如图 1-13 所示。

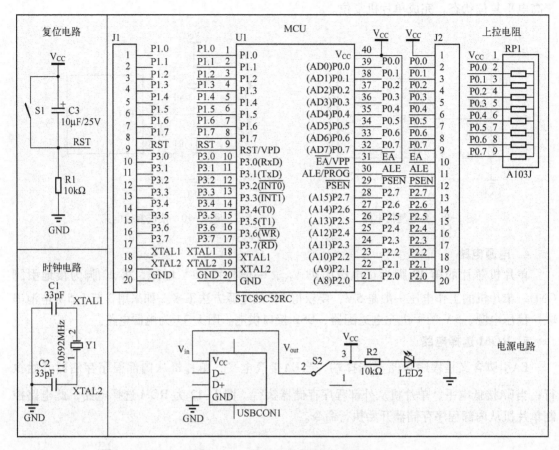

图 1-13　单片机最小系统电路图

任务 1.2　单片机最小系统的制作

1.2.1　常见电子元件的识别及检测

在制作单片机最小系统之前，应对常见电子元件进行识别和检测。

1. 电阻的识别及检测

电阻在电路中的主要作用为分流、限流、分压、偏置、滤波、阻抗匹配等。根据阻值是否可变，电阻可分为固定电阻和可变电阻；根据材质不同，可以分为碳膜电阻、线绕电阻、金属膜电阻、水泥电阻、热敏电阻等；根据封装，又可以分为直插电阻和贴片电阻。表 1-15 为常见电阻类型分类。

本书使用的是在万用板上焊接的直插元件和金属膜电阻，讲解电阻的识别及检测方法。图 1-14 为后续应用中常用的金属膜电阻。

电阻焊接之前需要确定其是否完好以及其阻值大小。电阻值大小的确定有 3 种方法：标定法、色环法和万用表测量法。

表 1-15　常见电阻类型

类　型	名　称	外　形	电路符号
固定电阻器	碳膜电阻		固定电阻
	线绕电阻		
	金属膜电阻		
	水泥电阻		
	热敏电阻		热敏电阻
可变电阻器	滑动变阻器		可调电阻
	带开关电位器		
	带滑动触点的电位器		电位器
其他	排阻		
	贴片电阻		

图 1-14　常用金属膜电阻

标定法就是用文字、数字和符号直接在电阻体上标注电阻的阻值、功率和误差。图 1-15 所示为几种常见的电阻标定法，图 1-15a 电阻值为 10Ω，图 1-15b 图电阻值为 3.9Ω 和 $10K\Omega$，图 1-15c 电阻值为 6.8Ω，图 1-15d 电阻值为 22Ω。

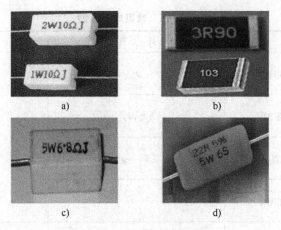

图 1-15 电阻阻值标定法

图 1-14 所示的金属膜电阻体上没有文字、数字和符号标注，只有几条不同颜色的圆环，这时需要用色环法读取电阻阻值。用色环、色点或色带在电阻表面标出阻值和允许误差的方法，具有标记清晰、容易辨别的特点。多数小功率的电阻都用色环表示，特别是0.5 W以下的碳膜和金属膜电阻。色环电阻有 4 色环电阻和 5 色环电阻，每一个色环代表不同含义。

图 1-16 为色环电阻识别图，根据该图可知，不管是 4 环电阻还是 5 环电阻，首先应该确定哪是第 1 环，紧接着确定第 2 环……第 4 环或第 5 环。4 环电阻的第 1 环、第 2 环代表数字环，第 3 环代表倍率环，第 4 环代表误差环。5 环电阻的第 1 环、第 2 环、第 3 环代表数字环，第 4 环代表倍率环，第 5 环代表误差环。

色环	色标	代表数	第1环	第2环		第3环	第5环	
---	---	---	---	---	---	---	%	字母
棕		1	1	1	1	10	±1	F
红		2	2	2	2	100	±2	G
橙		3	3	3	3	1K		
黄		4	4	4	4	10K		
绿		5	5	5	5	100K	±0.5	D
兰		6	6	6	6	1M	±0.25	C
紫		7	7	7	7	10M	±0.1	B
灰		8	8	8	8		±0.05	A
白		9	9	9	9			
黑		0	0	0	0	1		
金		0.1				0.1	±5	J
银		0.01				0.01	±10	K
无			第1环	第2环	第3环	第4环	±20	M

图 1-16 色环电阻的识别

图 1-16 中的两个色环电阻中，4 环电阻的第 1 环为红色（代表数字 2）、第 2 环为红色（代表数字 2）、第 3 环为黑色（代表数字 1）、第 5 环（第 4 环）为橙色代表无内容。所以可知该 4 环电阻阻值为 22×1 = 22 Ω。图 1-16 中的 5 环电阻的第 1 环为黄色（代表数字 4）、第 2 环为紫色（代表数字 7）、第 3 环为黑色（代表数字 0）、第 4 环为橙色（代表 1 kΩ）、第 5 环为棕色（代表误差±1%），所以可知该 5 环电阻的阻值为 470×1 kΩ = 470 kΩ。

由于电子元件在使用过程中，表面的标注很容易磨损而不易辨识，色环电阻的颜色环也容易读错，因此最保险的方法是使用万用表确定电阻的好坏以及电阻的阻值。万用表分为传统万用表和数字万用表，传统万用表是指针电磁偏转式的，每次使用前都需进行机械调零，使用较繁琐且示数的读取具有主观性，结果不够精确，现在已很少使用，如图 1-17 所示；而数字式万用表可直接显示数字，结果较精确，目前被广泛使用，如图 1-18 所示。

图 1-17　传统万用表

图 1-18　数字万用表

数字万用表测量电阻的步骤如下：

1）将黑表笔插入"COM"孔，将红表笔插入"VΩ"孔，如图 1-19 所示。

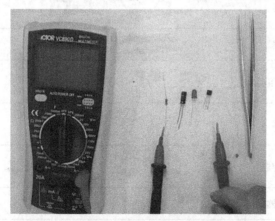

图 1-19　将万用表表笔插入相应位置实物图

2）选择适当的电阻量程，将黑表笔和红表笔分别接在电阻两端（注意尽量不要用手同时接触电阻两端，因为人体是一个很大的电阻导体，这样会影响电阻的测量精确性），如图 1-20 所示。

3）将显示屏上显示的数据与电阻量程相结合，得到最后的测量结果，如图1-21所示。

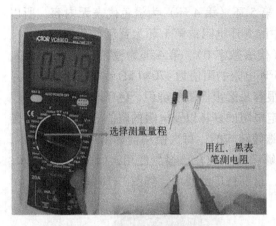

选择测量量程

用红、黑表
笔测电阻

图 1-20　万用表测量电阻值实物图

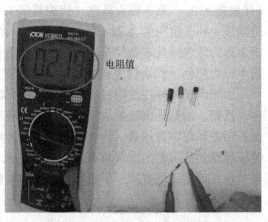

电阻值

图 1-21　万用表读取电阻值实物图

2. 电容的识别及检测

电容是组成电路的基本电子元件之一，它是由两个金属电极中间夹一层电解质构成。当两个电极之间加上电压时，电极上就储存电荷，电容是一种储存电能的元件。电容具有隔直流、通交流的特性。常见电容类型分类如表1-16所列。

表 1-16　常见电容类型

类　型	名　称	外　形	电路符号
固定电容器	云母电容器		
	瓷介电容器		
	独石电容器		
	纸介电容器		⊣⊢
	金属化纸介电容器		
	涤纶电容器		
	聚苯乙烯电容器		
	聚丙烯电容器		
	铝电解电容器		⊣⊢
	钽电解电容器		

类 型	名 称	外 形	电 路 符 号
可调电容器	空气可变电容器		
	薄膜可变电容器		
预调电容器	云母微调电容器		
	瓷介微调电容器		
	薄膜可变电容器		

确定电容的容值也有 3 种方法：直标法、数码标注法和万用表测试法。

（1）直标法

在电容器的表面直接用数字或字母标注出标称容量、额定电压等参数的标注方法。图 1-22 所示的电解电容表面上直接标出电容的容值为 4.7 μF，耐压值为 50 V。

（2）数码标注法

用 3 位数字表示，前两位数字表示标称容量的有效数字，第 3 位表示有效数字后面零的个数，单位为皮法（pF）。图 1-23 瓷片电容上的读数为 104，即该电容的容值为 $10 \times 10^4 \text{ pF} = 10^5 \text{ pF}$。

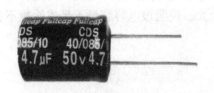

图 1-22　电容直标法

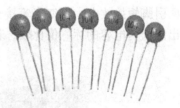

图 1-23　电容数码标注法

（3）万用表测试法

下面介绍用数字万用表测量电解电容的方法。

1）将电解电容的两个引脚短接，进行放电，如图 1-24 所示。

2）将黑表笔插挡入"COM"孔，将红表笔插入"VΩ"孔。将万用表上的旋钮拨至电阻挡位，选用量程大的挡位。将红、黑表笔接到电解电容的两个引脚上，注意电解电容有正负极之分，长引脚为正（接红表笔），短引脚为负（接黑表笔）。要求刚接上万用表时不满溢（不显示"1"），如图 1-25 所示。之后显示屏上电阻值逐渐增大至满溢即显示为"1"，说明电容正常，否则电容已损坏。

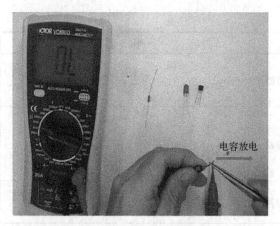

图 1-24　电容放电操作

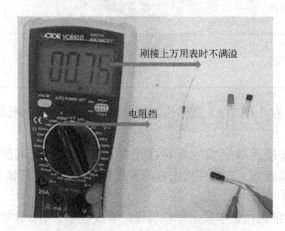

图 1-25　万用表测量电容的好坏

3）将万用表的旋钮拨至电容档（注意该数字万用表电容量程只有一个，是 2000 μF），电解电容两引脚短接放电，将红表笔接长引脚，黑表笔接短引脚，读取电容值，如图 1-26 所示。读出的值与电容的标称值比较，若相差太大，说明该电容容量不足或性能不良，不能使用。

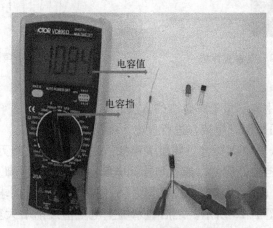

图 1-26　用万用表测量电容值

3. 二极管的识别及检测

二极管是最常用的电子元件之一，它最大的特性就是单向导电，也就是在正向电压的作用下，导通电阻很小；而在反向电压作用下导通电阻极大或无穷大。二极管的作用有整流、检波、稳压、开关和发光等。二极管按材质分为硅二极管和锗二极管；按结构分为点接触型、面接触型和平面型，按用途分为整流二极管、检波二极管、稳压二极管、发光二极管、光电二极管和变容二极管，表1-17为常见二极管的分类。

表1-17　常见二极管类型

类　型	名　称	外　形	电路符号
普通二极管	整流二极管		
	检波二极管		
	稳压二极管		
	开关二极管		
特殊二极管	变容二极管		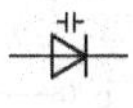
	发光二极管		
	触发二极管		

由于二极管具有单向导通性，因此在使用之前需确定二极管的极性——阳极和阴极，检测方法有目测法和万用表测量法。

（1）目测法

有的二极管把极性标示在外壳上，用一个不同颜色的环来表示负极，有的直接标上"−"号。而发光二极管有两个引脚，通常长引脚为正极，短引脚为负极。发光二极管的管壳呈透明状，所以管壳内的电极清晰可见，内部电极较宽较大的一个为负极，而较窄且小的一个为正极。图1-27给出了不同二极管目测后的极性。

（2）万用表测量法

将数字万用表的旋钮拨至二极管挡位，将红表笔接二极管的阳极，黑表笔接二极管的阴极，数字万用表显示屏显示二极管正向压降；将红黑表笔反接，则显示屏显示满溢标志"1"，如果是发光二极管，加正向压降时，发光二极管点亮。图1-28所示为用数字万用表测试发光二极管的极性及好坏。

4. 晶体管的识别及检测

晶体管也称双极型晶体管，是一种控制电流的半导体器件。其作用是把微弱信号放大成幅度值较大的电信号，也用作无触点开关。晶体管是在一块半导体基片上制作两个相距很近的PN结，两个PN结把整块半导体分成3部分，中间部分是基区，两侧是发射区和集电区。

排列方式有 PNP 和 NPN 两种类型，如图 1-29 所示。

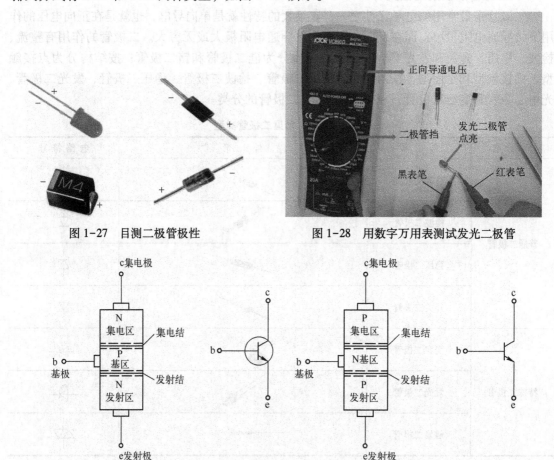

图 1-27　目测二极管极性　　　　　　图 1-28　用数字万用表测试发光二极管

图 1-29　NPN 型和 PNP 型晶体管及电路符号

晶体管按材质可以分为硅管和锗管，按结构可以分为 NPN 管和 PNP 管，按功率可以分为小功率管、中功率管、大功率管，按工作频率可以分为低频管、高频管和超频管；按安装方式可以分为直插晶体管和贴片晶体管，按功能分为开关管、功率管、达林顿管、光敏管等。晶体管实物图如图 1-30 所示。

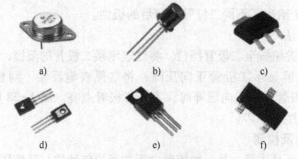

图 1-30　晶体管实物图
a）大功率晶体管　b）金属外壳晶体管　c）贴片晶体管
d）9013 晶体管　e）TIP41 晶体管　f）贴片晶体管

单片机的 I/O 驱动能力有限，因此在本教程中有些应用中要用到三极管，进行电流放大，用于驱动发光二极管、数码管、点阵等。首先要确认晶体管是 NPN 管还是 PNP 管，然后确定晶体管的 3 个引脚分别是什么引脚。测量方法有目测法和万用表测量法。

目测法就是从封装及外形上识别，图 1-31 所示为普通小功率晶体管 9013，引脚从左向右依次为发射极（e）、基极（b）和集电极（c）。

图 1-32 所示为中功率晶体管 TIP41，引脚从左向右依次为基极（b）、集电极（c）和发射极（e）。

图 1-33 所示为大功率金属外壳晶体管，其外壳为集电极（c），另外两个引脚分别为发射极（e）和基极（b）。

图 1-31　小功率晶体管的三极　　图 1-32　中功率晶体管的三极　　图 1-33　大功率金属晶体管的三极

图 1-34 所示为金属外壳晶体管，依次为发射极（e）、基极（b）和集电极（c）。

图 1-35 所示为贴片小功率晶体管 8550，引脚单独一边的为集电极（c），另一边的两个分别基极（b）和发射极（e）。

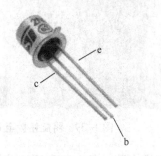 

图 1-34　金属外壳晶体管的三极　　　　图 1-35　贴片晶体管的三极

有些晶体管引脚不符合上述引脚规则，可以使用数字万用表测晶体管是 NPN 管还是 PNP 管，还可以确定晶体管的 3 个引脚的极性，其步骤如下。

1）将数字万用表旋钮拨至二极管挡，如图 1-36 所示。

2）将晶体管平放，红表笔接中间的引脚，黑表笔接左边的引脚，如图 1-37 所示，如果有读数，则红表笔所接端为 P 端，黑表笔所接端为 N 端；若没有读数，则将红黑表笔反接再测一次。如果两次都没有示数，则晶体管可能损坏。

25

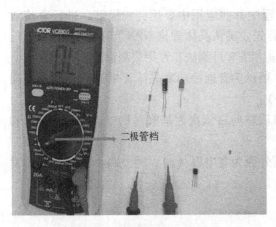

图 1-36　将旋钮拨至二极管挡

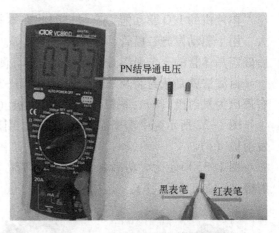

图 1-37　用万用表测晶体管好坏

3）接着将红表笔接触晶体管中间的引脚，黑表笔接触晶体管右边的引脚。如果有读数，则红表笔端为 P 端，黑表笔为 N 端；若没有读数，则将红黑表笔反过来再测一次。如果两次都没有示数，则晶体管可能损坏。如图 1-38 可以看出，中间的为 P，右边的为 N。结合前面的测量可知，这是一个 NPN 型的晶体管。

4）将万用表旋钮拨至 hFE 挡，如图 1-39 所示。

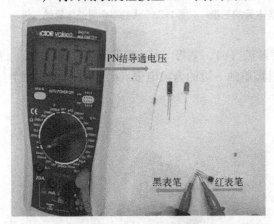

图 1-38　用万用表测晶体管型号

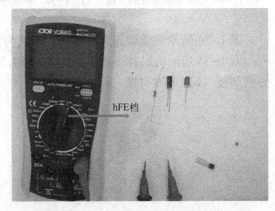

图 1-39　将旋钮拨至 hFE 挡位

5）万用表显示屏右下角有一个插晶体管的两排小孔，其上边和下边分别标示为 EBCE，其左边标示为 NPN 和 PNP。将晶体管插入下面 PNP 的一排小孔中，改变 3 个引脚插入孔的位置，发现读数都为 0，如图 1-40 所示。

6）将晶体管改插在如图 1-41 所示的 NPN 的一排小孔中，并改变 3 个引脚插入不同的孔，发现一个读数为 3325，一个读数为 180。读数为 180 且将晶体管插在 NPN 口处，则该晶体管是 NPN 管，并且确定晶体管的 3 个引脚分别为 ebc，读数 180 为晶体管的放大倍数。

5. 集成元器件的识别与检测

前面介绍的电阻、电容、二极管和晶体管都是分立元器件，而集成电路是利用半导体技术或薄膜技术将半导体器件和阻容元件高度集中集成在一块小面积芯片上封装而成。集成电路具有体积小、重量轻、性能好、可靠性高等优点。集成电路的类型很多，按工作性能不同，可以分为数字集成电路和模拟集成电路。本书介绍的STC89C52RC单片机就是一块集成元器件，本书用到的其他一些集成元器件，将在后面应用中详细讲解。

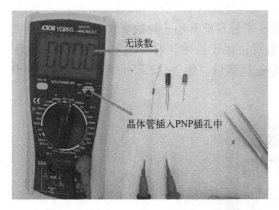

无读数

晶体管插入PNP插孔中

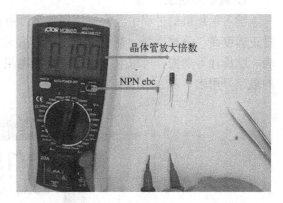

晶体管放大倍数

NPN ebc

图1-40　将晶体管插入PNP孔位中　　　　　　图1-41　将晶体管插入NPN孔位中

集成电路的外形结构有一定规定，它的引脚排序也有一定的规定，因此要正确认识它们的外形和引脚排序。集成电路的外形结构有单列直插式、双列直插式、扁平封装和金属圆壳封装等，常见的集成元器件的封装如图1-42所示。集成元件的引脚排列序号的一般规律是：集成电路的引脚朝下，以缺口或识别标志为准，引脚序号按逆时针方向排列1、2、3、4等。

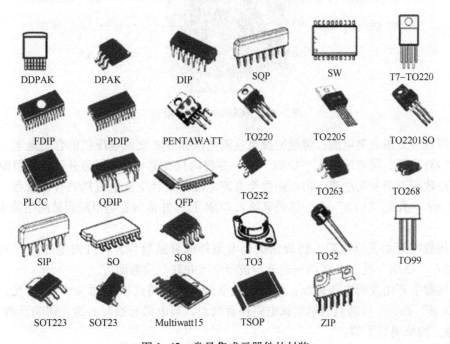

图1-42　常见集成元器件的封装

1.2.2 常见仪器仪表的使用方法

学习单片机，一些常见的仪器仪表要会使用，如数字万用表、信号发生器、直流稳压电源、示波器等。

1. 数字万用表

学习单片机的过程中经常要用到数字万用表，它是目前常用一种数字仪表，其主要特点是正确度高、分辨率强、测试功能完善、显示直观，便于携带。它一般包含安培计、电压表、欧姆计等功能，可以对电压、电流和电阻等进行测量。图 1-43 所示为型号为 VC890D 的数字万用表。

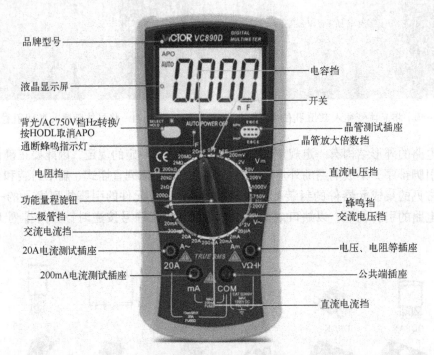

图 1-43　VC890D 数字万用表

1）用数字万用表测电压：将旋钮拨至直流电压挡或者交流电压挡的合适量程，将红表笔插入"VΩ"孔，黑表笔插入"COM"孔，并将两只表笔与被测线路并联，读数即可。

2）用数字万用表测电流：将旋钮拨至直流电流挡或者交流电流挡的合适量程，将红表笔插入"mA"孔或"10A"孔，黑表笔插入 COM 孔，并将两表笔串联到被测电路中，读数即可。

3）用数字万用表测电阻：将旋钮拨至电阻挡的合适量程，将红表笔插入"VΩ"孔，黑表笔插入"COM"孔，并将两只表笔与被测电阻并联，读数即可。

4）用数字万用表测电路通断：将旋钮拨至蜂鸣挡，将红表笔插入"VΩ"孔，黑表笔插入"COM"孔，并将两只表笔测试电路任意两点，当电路导通时，蜂鸣器响且指示灯亮；电路不通，则蜂鸣器不响。

5）用数字万用表测二极管：将旋钮拨至二极管挡，将红表笔插入"VΩ"孔，黑表笔插入"COM"孔，并将两只表笔与被测二极管并联，当红表笔接二极管的阳极，黑表笔接

28

二极管阴极，二极管导通，显示屏显示导通电压值大小，如果是发光二极管还会被点亮。如果将红黑表笔反接，则显示屏显示满溢标志"1"。

万用表在使用的过程中要注意以下几点：

1）测量电流和电压、电阻时，红表笔会插在不同的插孔中，所以测量之前一定检查红表笔的位置是否正确。

2）使用过程中，手不要触摸表笔的金属部分，一方面可以保证测量的准确，另一方面保证人身安全。

3）不能在测量的过程中换挡，尤其在测量高电压或大电流时，正确的用法是先断开表笔，换挡后再去测量。

4）测量前估计下测量数值，如不能估计，则从最大档位开始，依次减低挡位测量。

5）使用完毕，将旋钮拨至关闭挡，避免电池电量耗尽。

2. 信号发生器

SP-F10 型数字合成函数信号发生器/计数器是一台精密的测试仪器，具有输出函数信号、调频、移频键控（FSK）、相移键控（PSK）、猝发、频率扫描等功能，此外，它还具有测频和计数功能。SP-F10 型数字合成函数信号发生器/计数器如图 1-44 所示。

图 1-44　SP-F10 型数字合成函数信号发生器/计数器

图 1-45 所示为 SP-F10 型数字合成函数信号发生器/计数器面板图，面板上方是显示屏，进行波形和字符显示。右侧为一个调节旋钮，可以输入数据。面板下侧从左向右依次是电源按钮、功能按钮、数字按钮和信号发生器输出接口。面板上有 24 个按钮，将按钮按下，会有响声"嘀"提示音。大多数按钮是多功能键，每个按钮的基本功能用中文标在该按钮上，只须按下该按钮即可实现该功能。第二功能用蓝色符号或文字标在按钮的上方，实现按钮第二种功能，这时可先按下【shift】按钮再按下该按钮即可。还有一部分按钮还可以作单位键，其单位被标在这些按钮的下方。要实现按钮的单位功能，只要先按下相应数字键，再按下该按钮即可。

下面以输出频率为 5 kHz，幅度为 5 V 的正弦波，讲解 SP-F10 型数字合成函数信号发生器/计数器的使用步骤。

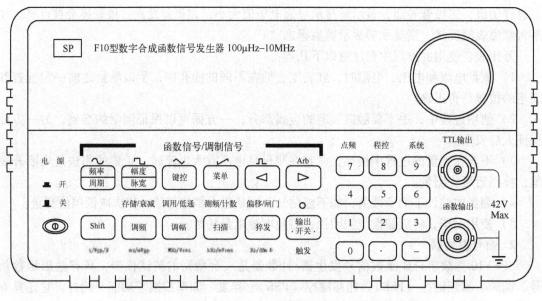

图 1-45　SP-F10 型数字合成函数信号发生器/计数器面板图

1) 按下面板上的电源按钮，显示屏显示当前波形 "~"，频率为 10. 000 000 00 kHz。

2) 按下【shift】键后，再按下正弦波波形键。

3) 按下【频率】键，显示当前频率值，这时可通过数据键或调解旋钮输入频率值，输入数据的按键顺序依次是：【频率】、【5】、【kHz】。

4) 按下【幅度】键，显示当前幅度值，这时可通过数据键或调解旋钮输入幅度值，输入数据的按键顺序依次是：【幅度】、【5】、【Vpp】。

5) 用导线连接面板上的函数输出接口，即可输出频率为 5 kHz，幅度为 5 V 的正弦波。

3. 直流稳压电源

学习单片机过程中，要经常用到直流稳压电源。HH1713 型双路直流稳压电源具有步进换挡、电压连续可调的功能，并采用了高质量的磁电式表头指示输出，因此指示精度较高。图 1-46 所示为 HH1713 型双路直流稳压电源。

HH1713 型双路直流稳压电源有两路输出，输出电压为 0~30 V（连续可调），输出流为 0~2 A。前置面板中央红色键为电源开关，最上方有两个指针表盘分别显示当前输出电压和电流。表盘下方为"电压表/电流表选择开关"，用于指示各路输出电压值/输出电流值。红色电源按

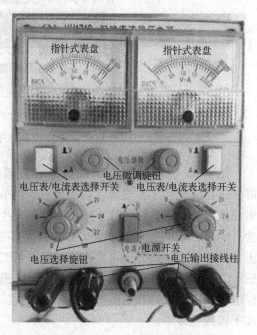

图 1-46　HH1713 型双路直流稳压电源

钮左右两侧各一个电压选择旋钮，顺时针方向调节可使输出电压增大。"电压表/电流表"开关两侧各一个电压微调旋钮。最下方是电压输出接线柱，接线柱上方有"+""-"字样，

"+"表示电源正端，"-"表示电源负端。

使用 HH1713 型双路直流稳压电源需要注意的事项如下：

1）接通电源前，检查电源输入、输出端是否有短路现象。

2）将面板各旋钮、步进选择开关调到最小值。

3）开启电源开关，即有可调电压输出。如果开启电压后，表头无指示，用万用表检测是否有输出，如各挡均无输出，应停机检查。在使用过程中，出现无输出时，应先检查外接电路是否过载或短路。排除故障，若仍无输出，应停机检查。

4. 示波器

RIGOL DS100 系列示波器不仅具有多重波形显示、分析和数学运算功能，还具有波形设置和位图文件存储、自动光标跟踪式测量、波形录制和回放功能等，并且支持即插即用 USB 接口的存储设备和打印机，可通过 USB 接口的存储设备进行软件升级等。图 1-47 所示为 DS1102C 型数字示波器的前置面板图。

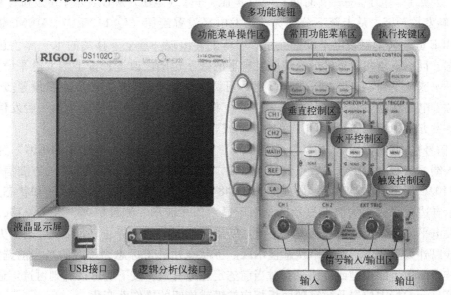

图 1-47　DS1102C 型数字示波器面板图

示波器的前面板按功能可分为 8 大区，即液晶显示区、功能菜单操作区、常用功能菜单区、执行按键区、垂直控制区、水平控制区、触发控制区、信号输入/输出区。

1）功能菜单操作区。有 5 个操作按键、1 个菜单按钮和 1 个多功能旋钮。5 个按键用于操作屏幕右侧的功能菜单及子菜单，多功能旋钮用于选择和确认功能菜单中下拉菜单的选项等，菜单按钮用于取消屏幕上显示的功能菜单。

2）常用功能菜单区。有 6 个按钮，分别是测量、获取、存储、光标、显示、应用等辅助测量功能。当按下任一按键，屏幕右侧会出现相应的功能菜单，通过功能菜单操作区的 5 个按键可选定菜单的选项。

3）执行按键区。有自动设置和运行/停止两个按键。按下自动按键时，示波器将根据输入的信号，自动设置和调整垂直、水平及触发方式，使波形显示达到最佳观察状态。当按下运行/停止键时，波形进行采样，按键为黄色；当再次按下此按键，停止波形采样，并且按键变为红色。

4）垂直控制区。从上至下分别为：垂直位置旋钮（◉POSITION）、关闭通道键（OFF）、垂直衰减旋钮（◉SCALE）。◉POSITION用以设置所选通道波形的垂直显示位置，转动该旋钮波形会上下移动，且所选通道的"地"标志也会随波形上下移动；按下该旋钮，垂直显示位置被快速恢复到零点。◉SCALE，可调整所选通道波形的显示幅度。CH1键、CH2键、MATH键、REF键为通道或方式选择按键，按下该键屏幕将显示其功能菜单、标志、波形和挡位状态等信息。OFF键用于关闭当前选择的通道。

5）水平控制区。从上至下分别为：水平位置旋钮（◉POSITION）、水平功能菜单按钮（MENU）、水平衰减旋钮（◉SCALE）。◉POSITION旋钮用于调整信号波形在显示屏上的水平位置，转动该旋钮不但波形随旋钮水平移动，且触发位移标志"T"也在显示屏上部随之移动，移动值则显示在屏幕左下角，按下此按钮触发位移恢复到水平零点处。◉SCALE用于改变水平时基挡位置，按下该旋钮可快速打开/关闭延迟扫描功能。MENU用于显示开启/关闭延迟扫描，切换Y（电压）—T（时间）、X（电压）—Y（电压）和设置水平触发位移复位等。

6）触发控制区。从上至下分别为：触发电平设置旋钮（◉LEVEL）、MENU键、50%键、FORCE键。转动触发电平设置旋钮，屏幕上会出现一条上下移动的水平黑色触发线及触发标志，且左下角和状态栏最右端触发电平的数字也随之改变；按下触发电平设置旋钮，触发电平快速恢复到零点。按下MENU键，可调出触发功能菜单，改变触发设置。%50键用于设定触发电平在触发信号幅值的垂直中点。按FFORCE键，可强制产生一触发信号，主要用于触发方式中的"普通"和"单次"模式。

7）信号输入/输出区。"CH1"和"CH2"为信号输入通道，"EXT TREIG"为外触发信号输入端，其右侧为示波器校正信号输出端，输出频率1 kHz、幅值3 V的方波信号。

DS1102C数字示波器的显示界面如图1-48所示，主要包括波形显示区和状态显示区。液晶显示屏边框线以内为波形显示区，用于显示信号波形、测量数据、水平位移、垂直位移、触发电平值等。位移值和触发电平值在转动旋钮时显示，停止转动5 s后则消失。显示屏边框线以外为上、下、左3个状态显示区。下状态栏通道标志为黑底的是当前选定通道，操作示波器面板上的按键或旋钮只有对当前选定通道有效，按下通道按键则可选定通道。状态显示区显示的标志位置及数字随面板相应按键或旋钮的操作而变化。

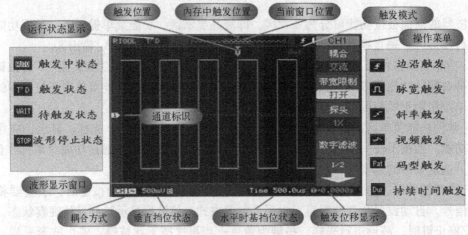

图1-48　DS1102C数字示波器显示界面

下面以测量电路中一未知信号，并显示该信号的频率和峰峰值为例，介绍数字示波器的使用步骤。

1）将探头上的开关设定为"10X"，将探头连接器上的插槽对准"CH1"插口并插入，然后向右旋转拧紧。

2）打开数字示波器电源，按下CH1键，显示通道1的功能菜单，并按下与"探头"平行的3号功能菜单键，转动多功能旋钮选择衰减系数为"10X"。

3）将探头端部和接地夹接到示波器校正信号输出端。按AUTO键，在波形显示区即可看到示波器校正信号的波形。1）~3）完成示波器的校正。

4）将探头连接到电路被测点。

5）按AUTO键，示波器将自动设置使波形达到最佳显示效果。

6）按MEASURE键，显示自动测量功能菜单。用1号功能菜单键选择信源CH1，用2号功能菜单键选择测量类型为电压测量，旋转多功能旋钮且在下拉菜单中选择峰峰值，并按下多功能旋钮，此时屏幕下方显示出被测信号的峰峰值。

7）按3号功能菜单键，选择测量类型为时间测量，旋转多功能旋钮：在时间测量下拉菜单中选择频率，并按下多功能旋钮，此时屏幕下方会显示被测信号的频率。

1.2.3 焊接单片机最小系统

焊接单片机最小系统基本步骤如下所述。

1. 准备元器件及工具

焊接单片机最小系统需要的元器件清单如表1-18所示，其实物如图1-49所示。

表1-18 单片机最小系统元器件

1		电阻	10 KΩ	2个
2		排阻	10 KΩ	1个
3		电解电容	10 μF	1个
4		瓷片电容	30 pF	2个
5		晶振	12 MHz	1个
6		万用板	5×7 cm	1块
7	最小系统	DIP40锁紧座	40PIC	1个
8		常开轻触开关	6×6×5微动开关	1个
9		发光二极管	3 mm 红色	1个
10		自锁开关	8×8	1个
11		USB插座	A 母	1个
12		排针	40针	1个
13		晶振底座	3针圆孔插座	1个

焊接单片机最小系统需要的焊接工具及测试工具如表1-19列，其实物图如图1-50所示。

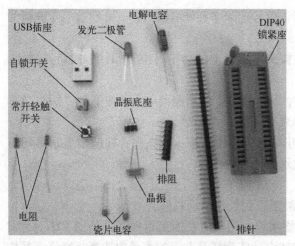

图 1-49　单片机最小系统元器件

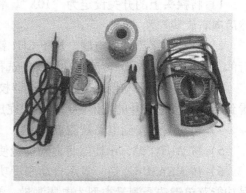

图 1-50　单片机最小系统焊接及测试工具

表 1-19　焊接工具及测试工具

1	焊接工具	焊烙铁	50 W 外热式	1 把
2		焊锡丝	0.8 mm	若干
3		斜口钳	5 寸	1 把
4		镊子	ST-16	1 个
5		吸锡器		1 把
6	测试工具	万用表	VICTOR VC890D	1 个
7		信号发生器	SP-F10	1 台
8		直流稳压电源	ATTEN TPR3002-2H	1 台
9		数字示波器	RIGOL DS1102C	1 台

2. 检测元器件

焊接前元器件的检测目的在于：

1）确定元器件是否能正常使用。

2）确定元器件参数是否与电路图匹配。

3）确定元器件引脚定义，避免焊接错误。

检测对象及检测方法详见表 1-20。

表 1-20　检测对象及检测方法

1	色环电阻	电阻值、好坏	将数字万用表拨至电阻挡适当量程，两只表笔分别接触电阻的两个引脚，读出万用表读数
2	电解电容	电容值、极性、好坏	用数字万用表的电容挡可以测量电解电容的容值，利用数字万用表电阻档观察电容充电过程，并判断电容是否短路或断路
3	发光二极管	极性、好坏	将数字万用表拨至二极管挡，两只表笔分别接触发光二极管的两个引脚，如果二极管被点亮，则红标笔接触的引脚为二极管的阳极，黑表笔接触的是二极管阴极，并且二极管是好的

34

4	晶振	好坏	用数字万用表的电容档测量其电容，好的电容一般在几十到几百 PF。数字万用表的电压挡测晶振输出电压，差不多是电源电压的一半
5	常开触点开关	引脚	常开触点开关有 4 个引脚，连接到电路中只需要两个，用数字万用表的蜂鸣挡确定引脚
6	电路板和锁紧座	焊盘、引脚	肉眼检查电路焊盘是否有脱落、短路；检查锁紧座的引脚是否有松动

3. 元器件布局

焊接前首先对元器件进行整形和布局，因为使用的万用板尺寸为 5×7，面积很小。元器件整形要求如下：

- 元器件在插装之前，必须对元器件的可焊接性进行处理，若可焊性差，要先对元器件引脚镀锡。
- 元器件引脚整形后，其引脚间距要求与印制电路板对应的焊盘孔间距一致。
- 元器件引脚加工的形状应有利于元器件焊接时的散热和焊接后的机械强度。
- 元器件引脚均不得从根部弯曲，一般应预留 1.5 mm 以上。
- 单片机最小控制系统中需要整形的元器件有电阻、USB 插座。用镊子或尖嘴钳夹住电阻引脚的根部，将其引脚弯曲。将 USB 插座固定引脚用尖嘴钳夹掉。

元器件在万用板上插装的工艺要求如下：

- 元器件的插装应根据万用板的大小和电路图确定，根据电路图，单片机的左侧有复位电路、晶振电路，右侧 P0 端口连接一个排阻。因此，插装时单片机锁紧座的位置应在万用板的中间靠右。电路中单片机的 40 号引脚、复位电路、单片机的 31 号引脚都要接+5 V 电源，因此，插装时单片机锁紧座的位置不要与万用板的最上沿平齐。
- 单片机最小系统中单片机没有被直接焊接在电路板上，而是被直接焊接在单片机锁紧座上。为了将单片机的引脚引出，在锁紧座两侧平行焊接两个 20 脚的插针。排阻插装置于单片机 P0 端口与插针之间。复位电路和晶振电路尽量靠近单片机锁紧座。
- 元器件插装后，其标识应向着易于认读的方向，并尽可能从左到右的顺序读出。
- 有极性的元器件应严格按照图纸上的要求安装，不能错装。
- 元器件的安装高度应符合规定的要求，同一规格的元器件应尽量安装在同一高度上。
- 元器件在万用板上的插装应分布均匀，排列整齐美观。

图 1-51 所示为插装完毕的单片机最小系统。

图 1-51　布局后的单片机
最小系统

4. 焊接电路

现在开始焊接单片机最小系统，其步骤如下：

1）焊接单片机锁紧座。将加热后的焊烙铁的烙铁头与万用板成 45°角，电烙铁头顶住焊盘和元器件引脚，然后给元器件引脚和焊盘均匀预热。另一只手握住焊锡丝，焊锡丝应靠在元器件引脚与烙铁头之间。当焊锡丝熔化使焊锡散满整个焊盘时，即可45°角方向拿开焊锡丝。焊锡丝拿开后，烙铁继续放在焊点上持续1~2s，当焊锡只有轻微烟雾冒出时，即可拿开烙铁。拿开烙铁时，不要过于迅速或用力往上挑，以免溅落锡珠、锡点、使焊锡点拉尖等，同时要保证被焊元器件在焊锡凝固之前不要移动或受到震动，否则容易造成焊点结构疏松、虚焊等现象。紧接着用同样的方法，焊接剩下的引脚，焊接如图1-52所示。

2）焊接排阻如图1-53所示。9脚单列直插排阻的第一脚（有个白点）是公共脚，接电源，其他8个引脚分别接P0端口。

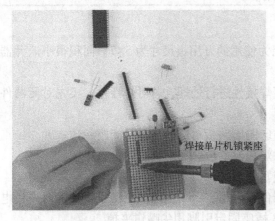

图1-52 焊接单片机锁紧座

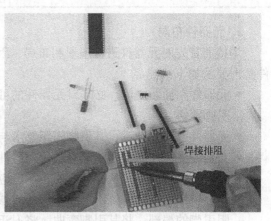

图1-53 焊接排阻

3）焊接两根插针，如图1-54所示。插针的作用是将单片机的引脚引出，左边插针与单片机锁紧座针脚对齐，右边的插针与排阻对齐。在万用板上电路中的导线用焊锡走线代替，焊锡线不能过粗也不能过细，用焊锡线将单片机锁紧座和排针连起来。

4）焊接时钟电路，如图1-55所示。晶振不直接焊接在万用板上，先焊接3针的插座，再焊接两个瓷片电容，注意不要将电容短路。

图1-54 焊接单片机锁紧座与插针导线

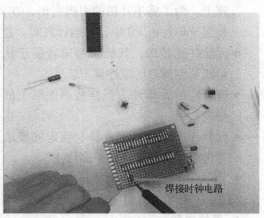

图1-55 焊接时钟电路

5）焊接复位电路，如图1-56所示。电解电容有极性之分，负极连接单片机的9号引脚，正极连接+5 V电源。常开开关有4个引脚，只需要两个引脚接入电路中，焊接之前使用万用表确定接入电路的两个引脚是否短路。

6）焊接电源电路，如图 1-57 所示。单片机最小系统的电源供给有多种方式，为了以后学习方便，本书此处采用 USB 提供+5 V 电源。自锁开关控制电源的开与关，红色发光二极管为电源指示灯。

图 1-56　焊接复位电路

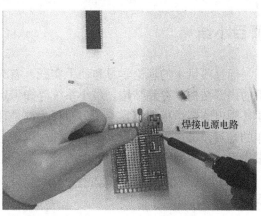

图 1-57　焊接电源电路

7）单片机最小系统电路中，单片机 40 号引脚、复位电路的电解电容正极、单片机 31号引脚都需要接到+5 V 电源，单片机的 20 号引脚、复位电路的电阻一端、时钟电路的瓷片电容一端都需要接地。因此，焊接的最后一步是将电路中所有的需要接+5 V 电源的，所有需要接地的用焊锡丝连接在一起，如图 1-58 所示。

图 1-58　焊接 V_{CC} 和地

5. 修正电路

元器件焊接完毕，让电路板自然冷却，接下来及时清洁线路板，清除板上残余焊锡渣。使用斜口钳剪去元器件多余的引脚，斜口钳不要紧贴线路板，以防把焊点剪坏。发现有错焊、虚焊、脱焊、漏焊等现象，要及时更正。

1.2.4　单片机最小系统的电路检测

单片机最小系统焊接完毕，使用之前，要对电路进行如下检测：

1）焊接完毕，将数字万用表置于蜂鸣挡，根据电路图检测电路是否有短路和断路。

2）插入晶振、单片机，打开电源开关，观察电源指示灯是否被点亮。

3）用万用表电压挡检测单片机是否有电压输入。

4）用示波器检测晶振是否起振。

项目小结

通过项目 1 的理论学习和动手实践，首先应掌握 51 单片机，特别是 STC89C52RC 单片机的内部结构、存储结构、最小系统等知识点。这些知识点在后续学习单片机中，无论是搭建外围电路还是根据实际应用编写程序都是理论基础。其次通过单片机最小系统的设计与制作的学习，可以掌握常用电子元器件的识别与检测，常用仪器仪表的使用方法，以及单片机最小系统的焊接和检测电路的能力。

习题与制作

一、填空题

1. 51 系列单片机为_____位单片机。

2. 51 单片机 RST 引脚上保持_____个机器周期以上的高电平时，单片机即发生复位。

3. 当单片机 CPU 响应中断后，程序将自动转移到该中断源所对应的入口地址处，并从该地址开始执行程序，通常在该地址处存放转移指令以便转移到中断服务程序。其中外部中断 INT0 的入口地址为_____，定时器 T0 入口地址为_____，外部中断 INT1 的入口地址为_____，定时器 T1 入口地址为_____，串行口的中断入口地址为_____。

4. 在 CPU 内部，反映程序运行状态或反映运算结果的特殊功能寄存器是_____。

5. 若由程序设定 RS1、RS0 均为 01，则工作寄存器 R0~R7 的直接地址为_____。

6. 51 单片机的堆栈区一般位于_____。

7. 内部 RAM 低 128 个单元划分为_____、_____和_____3 个区。

8. $\overline{EA}$ 脚的功能是_____，单片机使用内部程序存储器时，该引脚应该_____。

9. 单片机最小控制系统除了包括单片机外，还应包括_____电路、_____电路、_____电路和_____电路。

10. P0 端口作输出端口时，P0 的输出驱动级为漏极开路电路，输出极无上拉电阻，接拉电流负载时，需要_____，接灌电流负载时，可以_____。

二、选择题

1. 单片机的 XTAL1 和 XTAL2 引脚是（　　　）引脚。

　A　外接定时器　　　B　外接串行口　　　C　外接中断　　　D　外接晶振

2. 51 单片机芯片双列直插式封装的，有（　　　）个引脚。

　A　24　　　　　　　B　30　　　　　　　C　40　　　　　　　D　50

3. 51 单片机的（　　　）口的引脚，还具有外中断、串行通信等第二功能。

　A　P0　　　　　　　B　P1　　　　　　　C　P2　　　　　　　D　P3

4. 单片机应用程序一般存放在（　　　）。

A RAM	B ROM	C 寄存器	D CPU

5. 以下不是构成单片机的部件（　　）。

    A 微处理器　　　　B 存储器　　　　C I/O 接口　　　D 打印机

6. ALU 表示（　　）。

    A 累加器　　　　　　　　　　　B 程序状态字寄存器

    C 计数器　　　　　　　　　　　D 算术逻辑部件

7. 51 单片机的 V_{SS}（20）引脚是（　　）引脚。

    A 主电源+5 V　　B 接地　　　　C 备用电源　　D 访问外部存储器

8. 51 单片机的程序计数器 PC 为 16 位计数器，其寻址范围是（　　）。

    A 8 K　　　　　B 16 K　　　　C 32 K　　　　D 64 K

9. 单片机的 ALE 引脚是以晶振振荡频率的（　　）固定频率输出正脉冲，因此它可作为外部时钟或外部定时脉冲使用。

    A 1/2　　　　　B 1/4　　　　C 1/6　　　　D 1/2

10. 51 单片机 PSW 寄存器中的 RS1 和 RS0 用来（　　）。

    A 选择工作寄存器组　　　　　B 指示复位

    C 选择定时器　　　　　　　　D 选择工作方式

11. 以下不是构成控制器的部件是（　　）。

    A 存储器　　　　　　　　　　B 指令寄存器

    C 指令译码器　　　　　　　　D 程序计数器

12. 外部扩展存储器时，分时复用做数据线和低 8 位地址线的是（　　）。

    A P0　　　　　　B P1　　　　C P2　　　　D P3

三、问答题

1. 什么是单片机？

2. 单片机主要应用领域在哪些方面？

3. 控制器的组成及作用是什么？

4. $\overline{EA}$引脚有何功能？

5. STC89C52RC 的内部 128 B 的数据 RAM 区分为哪几个性质和用途不同的区域？

6. PC 是什么寄存器？是否属于特殊功能寄存器？它有什么作用？

7. DPTR 是什么寄存器？它由哪些特殊功能寄存器组成？它的主要作用是什么？

8. 单片机 P0 端口为什么要外接一个排阻？

四、制作题
准备制作单片机最小系统所需元器件，焊接单片机最小系统。

项目 2　单片机控制花样流水灯的设计与制作

【知识目标】

1. 了解单片机汇编指令
2. 了解单片机汇编程序编程方法
3. 掌握基于单片机的 C 语言编程方法

【能力目标】

1. 熟悉使用 Keil 软件进行程序编程
2. 掌握流水灯外围电路的设计、焊接及调试方法

任务 2.1　单片机编程语言

单片机系统包括硬件和软件，最小系统加外围电路就构成了单片机系统的硬件，而单片机系统要完成特定的功能，必须还要有软件程序实现控制。程序就是完成某项特定任务的指令集合。单片机编程语言很多，大致可以分为机器语言、汇编语言和高级语言 3 类。

1. 机器语言

机器语言是计算机唯一能接受和执行的语言，机器语言由二进制码组成，每一串二进制码叫作一条指令。一条指令规定了计算机执行的一个动作。一台计算机所有指令的集合称作该计算机的指令系统，不同型号的计算机的指令系统不同。用机器语言编写程序，需要熟记计算机所有的指令代码和代码的含义，并且要自行处理数据的储存空间分配，这种编程方式十分繁琐，编写出来的程序全是 0 和 1 的指令代码，直观性差，容易出错。机器语言可以直接被计算机执行，所以其优点是执行速度快，占用内存空间小，代码执行效率高；缺点是编程效率低、可读性差、可移植性差。

2. 汇编语言

为了减轻使用机器语言编程的工作量，人们开始用一些简洁的英文字母、字符串代替特定的二进制串，例如用 "ADD" 代表加法、"MOV" 代表数据传递等。其中助记符代替操作码，地址符号或标号代替地址码，这样用符号代替机器语言的二进制码，就把机器语言编程变成了汇编语言编程。汇编语言编写的程序，机器不能直接对其识别，要由一种程序将汇编程序翻译成机器语言，这个过程叫做汇编。汇编语言的特点是程序员可以直接有效地控制系统硬件，程序代码占用内存少，执行速度快；但对比高级语言，汇编程序可读性差，不容易维护，可移植性差。

3. 高级语言

高级语言是一种接近人的自然语言，独立于机器、面向过程或对象的通用语言。高级语

言与硬件结构与指令系统无关，可方便地表示数据的运算和程序的控制结构，能更好地描述各种算法，高级语言编程更加容易组织和维护；但高级语言编译生成的程序代码一般比用汇编程序语言设计的程序代码要长，执行速度也要慢。

2.1.1 单片机汇编语言指令系统

STC89C52RC 单片机采用 51 单片机内核，其指令系统与其他 51 系列单片机完全兼容。

1. 汇编指令格式

一条汇编指令由两部分组成，操作码和操作数。汇编指令格式如下：

[标号：]　　操作码　[目的操作数,源操作数] [；注释]

例如：　　　LOOP:MOV A,　　　　#3FH　　;(A)＝3FH

（1）标号

标号是语句地址的标识符号，代表该语句指令代码第 1 个字节的地址。标号由 1~8 个 ASCII 字符组成，且第 1 个字符必须是字母，其余字符可以是字母、数字或其他特定字符；不能使用该汇编语言已经定义了的符号作为标号，如指令助记符、寄存器符号名称等；标号后必须跟冒号。

（2）操作码

操作码用于规定语句执行的操作。它是汇编语句中唯一不能空缺的部分，也是语句的核心，它用助记符表示。

（3）操作数

操作数用于给指令的操作提供数据或地址。在一条汇编语句中操作数可能是空缺，也可能包括 1 项，还可能包括 2 项或 3 项。当有多个操作时，各操作数之间以逗号分隔。操作数可以是工作寄存器名、特殊功能寄存器、标号名、常数、符号"＄"、表达式等。指令中操作数常见助记符号详见表 2-1。

表 2-1　操作数助记符号

操作数助记符号	含　义
R_n	工作寄存器 $R_0 \sim R_7$
R_i	间接寻址寄存器 R_0、R_1
Direct	直接地址，包括内部 128B RAM 单元地址、26 个 SFR 地址
#data	8 位立即数
#data16	16 位立即数
Addr 16	16 位目的地址，主要用于 LCALL 和 LJMP 指令中
Addr 11	11 位目的地址，主要用于 ACALL 和 AJMP 指令中
rel	8 位带符号的偏移地址，主要用于相对转移指令中
DPTR	16 位外部数据指针寄存器，用于寄存器间接寻址和变址寻址
bit	可直接位寻址的位
A(ACC)	累加器 A
B	寄存器 B
C	PSW（程序状态字存储器）中的进位标志位

操作数助记符号	含　义
@	间接寻址方式中表示间接寻址寄存器指针的前缀标志
$	表示当前指令地址
/	位操作数的前缀，表示对该位取反
(X)	表示由 X 所指定的某寄存器或某单元中的内容
((X))	表示由 X 所指定的间接寻址单元中的内容
→	表示指令的操作结果是将箭头右边的内容传送到左边
←	表示指令的操作结果是将箭头左边的内容传送到右边
∧、∨、⊕	表示逻辑或、与、异或
<=>	表示数据交换

（4）注释

注释不属于汇编语句的功能部分，它只是对语句的说明。注释字段可以增加程序的可读性，初学者应养成写注释的习惯。注释字段必须以分号";"开头，长度不限。

2. 寻址方式

在计算机中，说明操作数所在地址的方法称为操作数的寻址方式。51 单片机提供了 7 种寻址方式：立即寻址、直接寻址、寄存器寻址、寄存器间接寻址、变址寻址、相对寻址和位寻址，详见表 2-2。

表 2-2　51 单片机的 7 种寻址方式

寻址方式	定　义	特　点	寻址空间
立即寻址	将参与操作的数据直接写在指令中	指令中直接含有所需的操作数，通常用#data 或#data16 表示	程序存储器
直接寻址	将操作数的地址直接存放在指令中	指令中含有操作数地址，该地址指出了参与操作的数据所在的字节单元地址和位地址	内部 RAM 的低 128B，特殊功能寄存器
寄存器寻址	操作数存放在某个工作寄存器或部分专用寄存器中	指令中寄存器中的内容作为操作数	工作寄存器 R0 ~ R7，A，B，DPTR
寄存器间接寻址	操作数存放在寄存器存储内容的作为地址所对应的存储单元中	指令给出的寄存器中存放的是操作数地址，寄存器前面必须加前缀符号"@"	片内 RAM 低 128B，外部 RAM
变址寻址	操作数存放在变址寄存器（累加器 A）和基址寄存器（DPTR 或 PC）相加形成的 16 位地址单元中	执行变址寻址指令时，将基地址（DPTR 或 PC 的内容）和地址偏移量（A 的内容）相加，形成操作数地址，再由操作数地址找到操作数	程序存储器
相对寻址	将程序计数器（PC）的当前值与偏移量 rel 相加，形成新的转移目标地址	相对寻址方式是为实现程序的相对转移而设计的，为相对转移指令所使用，其指令码中含有相对地址偏移量	程序存储器 256B 范围
位寻址	指令中给出的操作数是一个可单独寻址的位地址	位寻址是对 8 位二进制数中的某一位的地址进行操作	内部 RAM 的 20H ~ 2FH，特殊功能寄存器可寻址位

3. 汇编指令分类

51 系列单片机指令系统共有 44 种助记符，它们代表 33 种功能，可以实现 51 种操作。指令助记符与操作数的各种寻址方式相结合，一共可构造 111 条指令。这些指令按其功能可分为数据传送类指令、算术运算类指令、逻辑运算类和移位类指令、控制转移类指令和位操作类指令5大类。

（1）数据传送类指令（29条）

数据传送类指令一般的操作是把源操作数传送到目的操作数，指令执行完成后，源操作数不变，目的操作数等于源操作数。如果要求在进行数据传送时，目的操作数不丢失，需采用交换型的数据传送指令，数据传送指令一般不影响标志位，但可能对奇偶标志位有影响。数据传送类指令总共29条，可分为内部RAM数据传送、外部RAM数据传送、程序存储器数据传送、数据交换和堆栈操作5类。

（2）算术运算类指令（24条）

算术运算主要是执行加、减、乘、除法四则运算，另外还有加1、减1操作，BCD码的运算和调整。这类指令大多数会对PSW（程序状态字寄存器的标志位）有影响。

（3）逻辑运算类和移位类指令（24条）

逻辑运算和移位类指令有与、或、异或、求反、左右移位、清0等逻辑操作，有直接寻址、寄存器寻址和寄存器间接寻址等寻址方式。这类指令一般不影响PSW（程序状态字寄存器中的标志位）。

（4）控制转移类指令（17条）

控制转移指令用于控制程序的流向，所控制的范围即为程序存储区间。这些指令有可对64KB程序空间地址单元进行访问的长调用、长转移指令，也有可对2KB进行访问的绝对调用和绝对转移指令，还有在一页范围内短转移及其他无条件转移指令，这些指令一般不会对标志位有影响。

（5）位操作类指令（17条）

单片机内部数据存储器单元存放8位二进制，进行的都是8位数据的操作，这样的存储单元称为字节存储单元。但有些存储单元除了可以进行字节操作，还可以进行位操作，这些存储单元是位于20H~2FH内部RAM位寻址区，以及可进行位寻址的特殊功能寄存器A、B、PSW、P0、P1、P2、P3等。位操作类指令是以位单位进行逻辑运算及操作，位操作指令可分为位传送类、位清零/置位类、位逻辑运算类、位条件转移类4种。

学习汇编指令必须注意以下几点：

1）指令的格式、功能。

2）操作码的含义，操作数的表示方法。

3）寻址方式，源、目的操作数的范围。

4）对标志位的影响。

5）指令的适用范围。

6）正确估算指令的字节数。

4. 汇编程序设计

在学习完111条汇编指令后，还不能编写出完美的汇编程序，还需掌握汇编伪指令、汇编程序结构、常见汇编程序设计方法等。下面以单片机控制8个LED闪烁为例讲解汇编程序的编写规则。

例2-1 编写汇编程序，实现单片机P0端口控制8个LED灯从右到左依次点亮。

汇编程序：

```
        ORG     0000H;              //程序从程序存储器地址单元0000H开始存储
        LJMP    START;              //程序跳转到标号START处
        ORG     0030H;              //从程序存储器地址单元0030H开始存储以下程序
START： MOV     SP,#60H;            //将堆栈指针的初始值07H改为60H,使得堆栈指针指向用户数
                                      据区
        MOV     R2,#08H;            //R2寄存器赋初值08H,R2用来设置循环次数
        MOV     A,#0FEH;            //累加器赋初值FEH,8个LED灯闪烁的初始值
NEXT：  MOV     P0,A;               //P0端口输出值为FEH(11111110),P0端口与8个LED相连,
                                      执行该指令后,最右边的LED灯点亮
        ACALL   DELAY;              //调用延时子程序
        RL      A;                  //累加器A中的值循环左移1位,8个LED灯依次点亮
        DJNZ    R2,NEXT;            //判断寄存器R2的值减1是否为零,不为0跳转到标号NEXT
                                      处继续执行程序,完成8个LED灯依次点亮
        SJMP    START;              //上面R2的值减1为0,则程序跳转到标号START处执行
DELAY： MOV R3,#0FFH;               //延时子函数
DEL1：  MOV R4,#0FFH
        DJNZ    R4,$
        DJNZ    R3,DEL1
        RET;                        //子程序返回
        END;                        //汇编程序结束
```

对以上程序的解释如下:

- ORG和END为汇编程序的首和尾,均为汇编伪指令。51系列单片机的指令允许使用一些特定的指令为汇编程序提供相关信息,这些特定的指令称为伪指令。ORG伪指令规定程序段或数据块的起始地址。在一个源程序中,可以多次使用ORG指令,以规定不同的程序段的起始位置,但规定的地址应该从小到大,而且不允许重叠。END伪指令一般用在汇编程序的末尾,表示程序的结束,一般一个汇编程序只能有一个END指令。除了ORG和END伪指令外,还有赋值伪指令EQU、数据赋值伪指令DA-TA、定义字节伪指令DB、定义字伪指令DW、定义存储空间伪指令DS、位地址赋值伪指令BIT。

- 第二条汇编指令"LJMP START"是一条长跳转指令。LJMP可以在64 KB范围内跳转的指令。START为标号,表示的地址为0030H。程序从程序存储器地址单元0030H开始存储,而程序存储器地址单元0000H只存储了这条跳转指令。其原因在于51系列单片机的5个中断向量入口地址分别为0003H、000BH、0013H、001BH和0023H,所以地址单元0030H之前的存储单元会空闲出来。

- 汇编语句"MOV SP,#60H"将堆栈指针寄存器的初始值07H改为60H,使得堆栈指针指向用户数据区。汇编语句"MOV R2,#08H"是给寄存器R0赋初值08H,R2用来设置循环次数。汇编语句"MOV A,#0FEH"是给累加器A赋初值FEH,也是8个LED灯闪烁的初始值。

- 8个LED分别接单片机的P0端口,并且LED灯为低电平驱动。汇编语句"MOV P0,A"即可实现P0端口输出"11111110",最右边的LED灯点亮。由于CPU执行

一条汇编语句需要的时间是微秒级的，因此需要在上述端口赋值语句之后调用一个延时语句"ACALL　DELAY"。ACALL 是绝对调用指令，调用的子程序的起始地址必须和该调用指令下一条指令的首地址在同一个 2 KB 区域内。汇编语句"RL　A"功能是让累加器 A 中的循环左移一位，题目要求 8 个 LED 灯依次从右向左单个点亮，当 P0 端口输出"11111110"时，最右边的 LED 灯亮，当 P0 端口输出"11111101"时，右边第 2 个 LED 灯亮，RL 指令后面只能跟累加器 A，因此先给累加器 A 赋初值，再进行移位，再把累加器 A 的值赋给 P0 端口。汇编语句"DJNZ R2，NEXT"含义是判断寄存器 R2 的值减"1"是否为"0"，不为"0"程序跳转，跳转到标号 NEXT 处，减"1"为"0"执行这条语句后面的一条汇编语句。"DJNZ"为减"1"不为"0"转移指令，用于控制程序循环，预先赋值给 R2 就可以控制循环次数，8 个 LED 灯要依次点亮，因此 R2 的初始值设置为 8。当 R2 的值减"1"为"0"时，就执行语句"SJMP　START"，程序又跳转到标号 START 处。

- DELAY 后面的为延时子函数。在程序中将经常需要重复使用的、能重复完成某种功能的程序段单独编制成子程序，供不同程序或同一程序反复使用。在程序中需要执行这种操作的地方执行一条调用指令，转到子程序中完成规定操作，再返回原来程序中继续执行下去。子程序第 1 条指令所在的地址称为入口地址，该指令前必须有 DELAY，子程序结束必须有返回指令 RET，调用子程序指令 ACALL 和 LCALL 放在主程序中。

2.1.2　单片机 C 语言

C 语言是一种结构化的高级语言，它兼顾了多种高级语言的特点，具有库函数功能丰富、运算速度快，编译效率高、可移植性良好，而且可以直接实现对系统硬件的控制的优点。此外，C 语言程序具有完善的模块程序结构，从而为软件开发中采用模块化程序设计方法提供了有力保障。因此，使用 C 语言进行程序设计成为单片机开发的一个主流。

单片机 C 语言是 ANSI C 针对 51 系列单片机扩展的 C 语言，它和标准 C 语言区别在于：
- 单片机 C 语言定义的库函数与标准 C 语言中定义的库函数不同，后者是基于 PC 机的语言，有些库函数在单片机上是不支持的；
- 单片机 C 语言的数据类型与标准 C 语言中的数据类型不同，前者增加了位类型；
- 单片机 C 语言变量的存储模式与标准 C 语言中的变量存储模式不相同，后者是程序和数据统一寻址的内存空间，而单片机 C 语言与 51 单片机的各种存储器密切相关；
- 单片机 C 语言与标准 C 语言的输入/输出处理方式不同；
- 单片机 C 语言与标准 C 语言在函数使用方面有一定区别，后者没有处理单片机中断的定义，而单片机 C 语言有专门的中断函数；
- 单片机 C 语言与标准 C 语言的头文件不同，单片机 C 语言的头文件必须把单片机内部的外设硬件资源等相应的特殊功能寄存器写入到头文件中。

下面从单片机 C 语言的数据结构、基本运算符、函数和中断函数几方面简单介绍单片机 C 语言知识，在学习过程中要注意单片机 C 语言和标准 C 语言的不同之处。

1. 单片机 C 语言的数据结构

单片机 C 语言的数据有常量和变量之分。常量是在程序运行过程中固定值的量，可以是字符、十进制数或十六进制数。

常量的数据类型有整型、浮点型、字符型、字符串型及位型常量。

- 整型常量。例如：1893，-98；0x3F，-0x34；3493L，0x23FAL。
- 浮点型常量。例如：0.1234，2.59e3，1.04e-2，0.0。
- 字符型常量 'd'，'k'，'\0'（空字符），'\n'（换行）。
- 字符串型常量。"ABCD"，"How are you"。
- 位型常量。例如：1，0。

变量是一种在程序执行过程中值不断变化的量。在使用之前必须对变量进行定义，并指出其数据类型和存储模式，变量定义格式如下：

〔存储类型〕 数据类型 〔存储器类型〕 变量名

1）存储类型。变量有4种存储类型：自动（auto）、外部（extern）、静态（static）、寄存器（register）。

2）数据类型。Keil C51 支持存储器类型基本的数据类型，并针对51系列单片机的硬件特点，扩展了4种数据类型，详见表2-3。

表2-3 Keil C51 支持的数据类型

数据类型	位 数	字 节 数	值 域
Signed char	8	1	-128~+127，有符号字符变量
Unsigned char	8	1	0~255，无符号字符变量
Signed int	16	2	-32768~+32767，有符号整形数
Unsigned int	16	2	0~65535，无符号整型数
Signed long	32	4	-2147483648~+2147483647，有符号长整型数
Unsigned long	32	4	0~+4294967295，无符号长整型数
float	32	4	±1.175494E-38~±3.402823E+38
double	32	4	±1.175494E-38~±3.402823E+38
*	8~24	1~3	对象指针
bit	1		0 或 1
sfr	8	1	0~255
Sfr16	16	2	0~65535
sbit	1		可进行位寻址的特殊功能寄存器的某位的绝对地址

下面对扩展的4种数据类型进行说明。

- 位变量（bit）。bit 的值只能是"0"或"1"。
- 特殊功能寄存器（sfr）。它可以定义51系列单片机的所有内部8位特殊功能寄存器，"sfr"数据类型占用一个内存单元，取值范围为0~255。例如，"sfr P1=0x90"表示 P0 为特殊功能寄存器型数据，在程序后续的语句中可以用"P1=0xff"，使 P1 的所有引脚输出为高电平。
- 16位特殊功能寄存器（sfr16）。它定义51系列单片机内部16位特殊功能寄存器，占用 2 个内存单元，取值范围为 0～65535。例如，"sfr16 DPTR = 0x82"用于定义片内16 位数据指针寄存器 DPTR，在后续程序中就可以对 DPTR 进行操作。

- 可寻址位类型（sbit）。利用它可以访问 C51 系列单片机内部 RAM 的可寻址位及特殊功能寄存器中的可寻址位。例如，"sfr P1 = 0x90   sbit P1_1 = P1^1"中，符号"^"前面是特殊功能寄存器的名字，"^"后面的数字用以定义特殊功能寄存器可寻址位在寄存器中的位置。

3）存储器类型。该项为可选项。C51 定义的任何数据类型必须以一定的方式，定位到单片机的某一存储区中。C51 的数据存储类型与 51 单片机存储空间对应关系详见表 2-4。

表 2-4　C51 数据存储类型与存储空间对应关系

存储类型	与存储空间的对应关系
data	直接寻址的片内数据存储器（128B），访问速度最快
bdata	可位寻址片内数据存储器，位于 20H～2FH 空间
idata	间接访问的片内数据存储器（256B）
pdata	外部 RAM 的 256B，用 MOVX @Ri 间接寻址
xdata	外部 RAM 的 64 kB，用 MOVX @DPTR 间接寻址
code	程序存储器的 64 kB

若在定义变量时省略了存储器类型，则按编译时使用的存储器模式来确定变量存储器的空间。Keil 编译器的 3 种存储器模式为 SMALL、LARGE 和 COMPACT，详见表 2-5。

表 2-5　存储器模式

存储器模式	描　　述
SMALL	将变量存入直接寻址的片内数据存储器（默认存储类型为 Data）
COMPACT	将变量存入分页寻址的片外数据存储器（默认存储类型为 Pdata）
LARGE	将变量存入外部数据存储器（默认存储类型为 Xdata）

4）变量名。数字、字母、下划线都可以作为变量名，但变量名的开头不能为数字，变量名不能为关键词。

2. 单片机 C 语言的基本运算

单片机 C 语言基本运算包括：算术运算、关系运算、逻辑运算、位运算、赋值运算等。

1）算术运算。算术运算符及其说明详见表 2-6。

表 2-6　算术运算符

符　　号	说　　明	举　　例
+	加法运算	Z=x+y
−	减法运算	Z=x−y
*	乘法运算	Z=x*y
/	除法运算	Z=x/y
%	取余数运算	Z=x%y
++	自增 1	x++
−−	自减 1	x−−

2）关系运算。关系运算符及其说明详见表2-7。

表2-7 关系运算符

符 号	说 明	举 例
>	大于	a>b
<	小于	a<b
>=	大于等于	a>=b
<=	小于等于	a<=b
==	等于	a==b
!=	不等于	a!=b

3）逻辑运算。逻辑运算符及其说明详见表2-8。

表2-8 逻辑运算符

符 号	说 明	举 例
&&	逻辑与	a&&b
‖	逻辑或	a‖b
!	逻辑非	!a

4）位运算。位运算符及其说明详见表2-9。

表2-9 位运算符

符 号	说 明	举 例
&	按位逻辑与	0x34&0x2a=0x20
|	按位逻辑或	0x34|0x2a=0x3E
^	按位异或	0x34^0x2a=0x1E
~	按位取反	x=0x01 则~x=0xFE
<<	按位左移（高位丢弃，低位补0）	x=0x01，若x<<2，则x=0x04
>>	按位右移（高位补0，低位丢弃）	x=0x10，若x>>2，则x=0x04

5）赋值运算。赋值运算符及其说明详见表2-10。

表2-10 赋值运算符

符 号	说 明	举 例
=	赋值	a=0x10
+=	变量先进行加法，再赋值给变量	a+=5 则 a=a+5
-=	变量先进行减法，再赋值给变量	a-=5 则 a=a-5
*=	变量先进行乘法，再赋值给变量	a*=5 则 a=a*5
/=	变量先进行除法，再赋值给变量	a/=5 则 a=a/5
%=	变量先进行求余，再赋值给变量	a%=5 则 a=a%5
<<=	变量先进行左移，再赋值给变量	a<<=2 则 a=a<<2

符　号	说　明	举　例
>>=	变量先进行右移，再赋值给变量	a>>=2 则 a=a>>2
&=	变量先进行与运算，再赋值给变量	a&=0xff 则 a=a&0xff
|=	变量先进行或运算，再赋值给变量	a|=0xff 则 a=a|0xff
^=	变量先进行异或运算，再赋值给变量	a^=0xff 则 a=a^0xff
~=	变量先进行取反运算，再赋值给变量	a~=a 则 a=~a

6）指针和地址运算符。指针和地址运算符及其说明详见表 2-11。

表 2-11　指针和地址运算符

符　号	说　明	举　例
*	提取变量的内容	px=*i（取内容）
&	提取变量的地址	py=&j（取地址）

取内容和取地址的运算格式为：

$$变量 = *指针变量$$
$$指针变量 = \& 目标变量$$

3. 单片机 C 语言函数

（1）单片机 C 语言程序结构

单片机 C 语言程序结构可分为顺序结构、分支结构和循环结构 3 类。

1）顺序结构就是程序从第一行开始执行，一直到程序结束，依次执行每条语句。

2）分支结构有 if 语句和 switch 语句。if 语句的基本结构是：

```
if（表达式）
  {语句}；
```

如果括号中的表达式成立，则程序执行大括号中的语句；否则程序将跳过大括号中的语句部分，执行后面的其他语句。C51 还提供 3 种形式的 if 语句，分别是：

- 形式 1：　　　　If（表达式）{语句}
- 形式 2：　　　　If（表达式）{语句 1；}　　　else　　{语句 2；}
- 形式 3：　　　　If　（表达式 1）{语句 1；}
　　　　　　　　　　else if（表达式 2）{语句 2；}
　　　　　　　　　　else if（表达式 3）{语句 3；}
　　　　　　　　　　…
　　　　　　　　　　else {语句 n；}

switch 语句是多分支选择语句，其一般形式如下：

```
switch(表达式 1)
    {
        case 常量表达式 1：{语句 1；}   break；
        case 常量表达式 2：{语句 2；}   break；
```

...

　　　　case 常量表达式 n：｛语句 n;｝　break;

　　　　default：｛语句 n+1｝;

　　　　　　　　｝

3）循环结构有 while 语句、do-while 语句和 for 语句 3 种。

while 语句的语法形式为：

```
while(表达式)
   {
        循环体;
   }
```

do-while 语句的语法形式为：

```
do
   ｛循环体;｝
   While(表达式);
```

for 语句的语法形式为：

```
for(表达式 1;表达式 2;表达式 3)
   ｛循环体;｝
```

　　其中表达式 1 是循环控制变量初始化表达式，表达式 2 是循环条件表达式，表达式 3 是循环控制变量的增值表达式。

　　（2）单片机 C 语言程序组成

　　单片机 C 语言程序采用函数结构，每个程序由一个或多个函数组成，但必须包含一个主函数 main()，整个程序从主函数开始执行。主函数可调用其他函数，但不能被其他函数调用。其中的功能函数可以是标准库函数，也可以是由用户定义的自定义函数。程序结构如下：

预处理命令	#include< >
函数说明	long ful1 ( );
	Float fun2 ( );
变量定义	int　x,y;
	Float z;
功能函数 1	ful1　( )
	｛
	函数体
	｝
功能函数 2	ful2　( )
	｛
	函数体
	｝
主函数	main ( )

```
{
                    函数体
}
```

C 语言程序中包括以符号"#"开头的编译指令，这些指令称为预处理命令。"#include"指令作用是打开一个特定的文件，将它的内容作为正在编译的文件的一部分"包含"进来。在单片机 C 语言编程中，利用"#include"指令将常用的函数做成头文件引入到当前文件，如 reg51.h 就是一个头文件，它是对单片机寄存器及端口进行了定义，在编程中可以直接使用寄存器名和端口名，而不用重新定义。fun1()和 fun2()是两个子函数，在主函数中被调用，如果函数写在主函数之后，必须在程序开始处进行申明。每个函数中使用的变量都必须先说明后使用，若为全局变量，则可以被程序的任何一个函数引用，若为局部变量，则只能在本函数中引用。

（3）单片机 C 语言函数

从用户角度函数分为标准库函数和用户自定义函数两种。

标准库函数由编译器提供，用户可直接调用，不需要为这个函数写任何代码，只需要包含具有该函数说明的头文件。C51 提供了丰富的可直接调用的标准库函数。例如特殊功能寄存器文件 reg51.h 或 reg52.h，绝对地址文件 absacc.h，输入/输出流函数文件 stadio.h，动态内存分配函数文件 stdlib.h，缓冲区处理函数文件 string.h。

用户自定义函数是用户根据自己需要所编写的函数。函数定义的一般形式为：

```
函数类型   函数名(形式参数表)
    形式参数说明表
    {
        局部变量定义
        函数体
    }
```

4. 单片机 C 语言中断函数

用汇编语言编写单片机中断服务程序，需要考虑断点保护和中断返回等问题，十分繁琐。为了能够直接编写中断服务函数，C51 编译器对函数定义进行了扩展，增加了一个扩展关键字 interrupt。在函数定时加上这个选项就可以定义一个中断服务函数。中断服务函数的一般形式为：

```
函数类型   函数名(形式参数表)   interrupt m [ using n ]
```

其中，关键字"interrupt m"后面的"m"表示中断号，取值范围为 0~31，数字编号代表中断类型。

0：外部中断 0；

1：定时器 0；

2：外部中断 1；

3：定时器 1；

4：串行口；

5：定时器 2。

"using n" 后面的 "n" 用于定义函数使用的工作寄存器组，"n" 的取值范围为 0~3，对应于 51 系列单片机片内 RAM 中的 4 个工作寄存器组。如果不选用该选项，则编译器会自动选择一个寄存器组使用。

用单片机 C 语言编写中断服务函数时应注意以下几点：

- 中断服务函数应该做最少的工作，尽可能地将其他功能放在主程序中。
- 中断服务函数不能传递参数。
- 中断服务函数没有返回值。
- 中断服务函数中调用其他函数时要使用相同的寄存器组。
- 中断服务函数使用浮点运算时要保存浮点寄存器的状态。

下面以单片机控制 8 个 LED 闪烁为例讲解单片机 C 语言编程。

例 2-2 用单片机实现 P0 端口控制 8 个 LED 灯从右到左依次点亮。

```
#include<reg51.h>                      //头文件，定义 51 单片机的寄存器
#include<intrins.h>                    //头文件，定义内部函数
void delay(unsigned int t);            //延时子函数声明
main()                                 //主函数
    {    unsigned char temp,j;         //局部变量声明
         temp = 0xfe;                  //局部变量赋值
         while(1)                      //无限循环
         {
             for(j=0;j<8;j--)          //条件判断
             {temp = _crol_(temp,1);   //循环左移 1 位
              P0 = temp;               //将变量 temp 的值赋给 P0 端口
              delay(600);}             //延时
               }
         }
    void delay(unsigned int t)         //延时子函数，延时时间为 1ms
        { unsigned char i;
          while(--t)
        {for(i=124;i>0;i--);}
          }
    }
```

对程序的解释如下：

- 程序开头包含两个头文件 reg51.h 和 intrins.h，reg51.h 头文件对 51 系列单片机的寄存器进行定义，intrins.h 对一些内部函数进行了定义，比如 _crol_、_irol_、_nop_ 等。
- 主函数中调用延时子函数 delay()，如果子函数放在主函数之后，就必须在主函数之前对此子函数进行声明。
- 主函数首先定义变量，并给 P0 端口直接赋值，因为头文件 reg51.h 已经对 P0 端口进行了定义，所以此处可以直接对端口进行赋值。题目要求 P0 端口控制的 8 个 LED 依次从右向左单个点亮，C 语言程序运算符 "<<" 是逻辑左移，高位移出，低位补 0，因此不能直接使用该运算符 "<<"，而函数 "_crol_()" 可实现循环左移。P0 = _crol

_(P0,1)函数后调用延时子函数 delay（600），600 为实参，代替后面延时子函数中的形式参数 t。

- 假设晶振频率为 11. 0592 MHz，延时子函数实现了 1 ms 的延时。延时产生的原理与例 2-1 相同，即反复执行（无用）指令而产生时间的延后。后面讲解 Keil 软件时，将进一步分析该程序。

任务 2.2　单片机软件开发系统

单片机开发中除了必要的硬件外，同样离不开软件。市场上不同的单片机采用不同的开发软件，如 MSP430 用 IAR 软件，PIC 用 MPLAB IDE+PICC 软件，飞思卡尔用 COLDFILE 软件，51 系列单片机一般采用 Keil 软件。Keil C51 是美国 Keil 公司出品的 51 系列兼容单片机 C 语言软件开发系统，它提供了 C 编译器、宏汇编、连接器、库管理和一个功能强大的仿真调试器，这些通过一个集成开发环境（μVision）组合在一起。下面介绍 Keil μVision4 的基本操作方法。

2. 2. 1　Keil μVision4 软件安装及使用

1. Keil 软件的安装

1）打开安装软件文件夹，内有一个 Keil 安装程序和一个注册机，如图 2-1 所示。

C51V901　　　　KEIL_Lic

a)　　　　　　b)

图 2-1　Keil 安装程序图标

a）安装程序　b）注册机

2）双击 C51V901. EXE 安装程序，弹出安装欢迎界面，如图 2-2 所示。

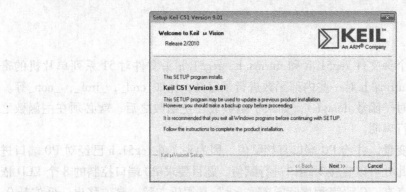

图 2-2　安装时的欢迎界面

3）单击图2-2中的"Next"按钮，弹出软件许可对话框，如图2-3所示。勾选"I agree to all the terms of the proceding Licence Agreement"复选框。

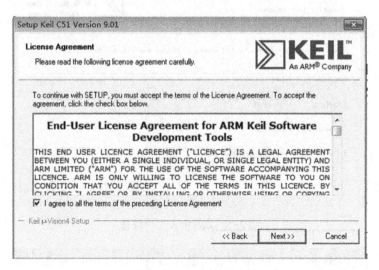

图2-3　许可证协议

4）单击图2-3中的"Next"按钮，弹出软件安装路径对话框，如图2-4所示。默认的安装路径是 C：\Keil，如要更改安装路径，单击"Browse"按钮，重新设置安装路径。

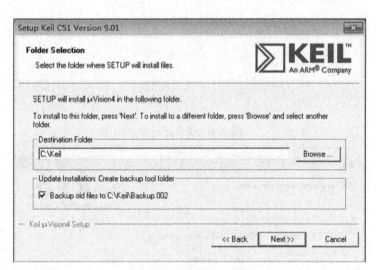

图2-4　安装路径的选择

5）单击图2-4中的"Next"按钮，输入用户个人信息，如图2-5所示。

6）单击图2-5中的"Next"按钮，显示安装进行中，并等待安装完成。如图2-6所示。

7）单击图2-6中的"Next"按钮，如图2-7所示。单击"Finish"按钮安装完成。

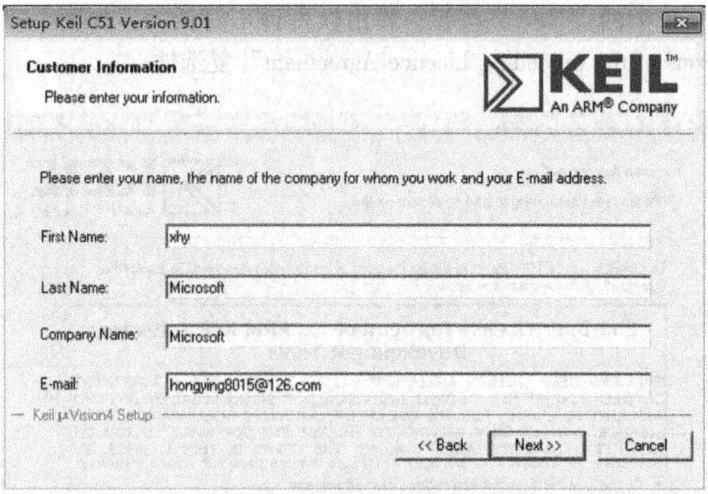

图 2-5 填写个人用户信息

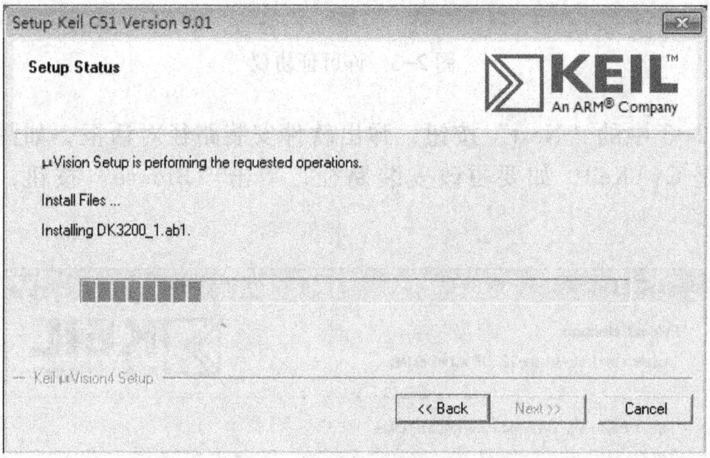

图 2-6 安装进行中

图 2-7 安装完成

8）双击图 2-1b 可打开注册软件，如图 2-8 所示。

9）在安装好的 keil 软件中执行 File→License Management 命令，如图 2-9 所示。

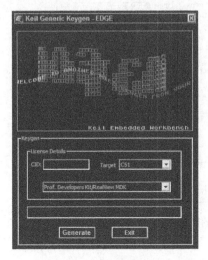

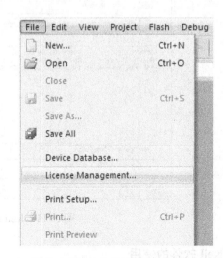

图 2-8　打开注册软件　　　　　　　　　图 2-9　Keil 软件许可证管理菜单

10）在弹出的 Keil 软件许可证管理窗口中选中 Single-User License 选项卡中 Computer ID 的 CID 码，如图 2-10 所示。

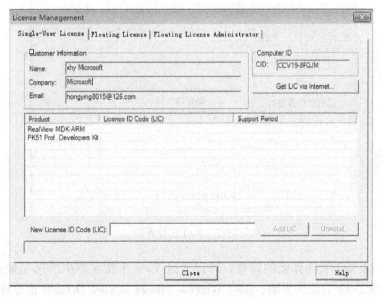

图 2-10　Keil 软件许可证管理

11）将第 10 步 CID 码复制并粘贴到图 2-8 注册软件窗口中的 CID 选项中，单击图 2-8 中的 Generate 按钮，产生注册码，并将注册码复制到 Keil 的软件许可证管理窗口的图 2-10 New License ID Code(LIC)中，单击 Add LIC 按钮，即可完成破解。图 2-11 所示是破解成功的 Keil 软件，列表框显示已经安装的软件，这里大家只需要安装 Keil C51 即可，列表框中还显示 Keil C51 的软件许可号和使用期限。

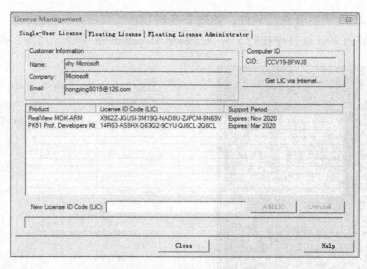

图 2-11 Keil 软件的破解成功

2. Keil 软件的使用

1）Keil μVision4 软件中图 2-12 为 Keil 软件默认开发窗口，该窗口由菜单栏、工具栏、工程管理窗口、编辑窗口以及输出窗口组成。

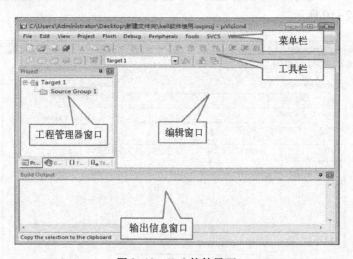

图 2-12 Keil 软件界面

对于图 2-12 Keil 软件界面的调整，可以通过 View 下拉菜单中的选项来进行打开或关闭，要恢复到图 2-12 的默认界面，执行 Window→Reset to View Defaults 命令即可。

2）执行 Project→New μVision Project 可新建工程文件，如图 2-13 所示。在弹出的创建新工程对话框中输入项目名称，选择保存类型并单击"保存"，如图 2-14 所示。

3）保存工程项目名称后会弹出选择 CPU 数据库文件的对话框，选择下拉列表框中的 Generic CPU Data Base 选项，如图 2-15 所示。本书所选单片机型号为宏晶 STC89C52RC，软件中不包含其 CPU 库文件。使用时可以选择相近型号的单片机，或者添加 STC 系列单片机 CPU 的库文件。

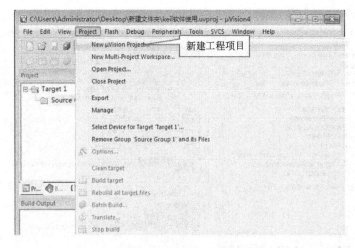

图 2-13　新建工程项目

图 2-14　保存工程项目名称

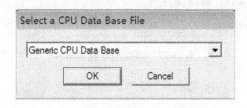

图 2-15　选择 Keil 软件 CPU 数据库文件

　　添加 STC 系列单片机 CPU 的库文件方法很多，其中最简单的是先下载 STC 最新的 ISP 软件，再添加库文件。随书资源里有 ISP 软件，ISP 软件不需安装，双击软件图标即可打开，如图 2-16 所示。后面小节将会介绍 STC-ISP-15XX-V6.85 的使用方法。

　　选中图 2-16 对话框中"Keil 仿真设置"选项卡，单击"添加型号和头文件到 Keil 中"按钮，弹出如图 2-17 所示的"浏览文件夹"对话框。在该对话框中选择 Keil 的安装目录，单击"确定"按钮，弹出添加成功对话框，如图 2-18 所示。

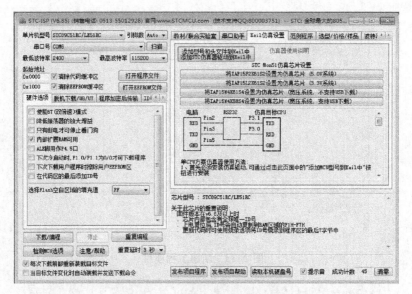

图 2-16　STC-ISP 软件界面

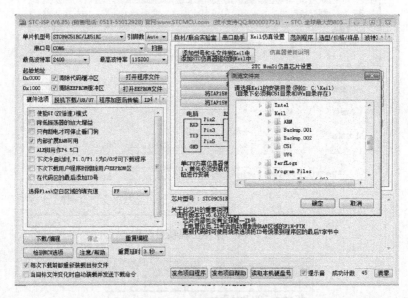

图 2-17　添加型号到 Keil 中

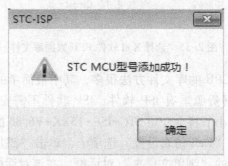

图 2-18　添加成功

这时回到第 3 步，在图 2-15 中选择 CPU 库文件。单击下拉列表框中的"STC MCU Database"，单击"确定"按钮，如图 2-19 所示。

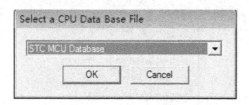

图 2-19　选择 STC MCU 数据库

在弹出的 STC MCU 数据库中选择单片机类型 STC89C52RC，在该对话框的右侧出现 STC89C52RC 的描述，如图 2-20 所示。

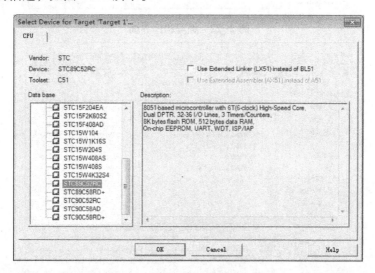

图 2-20　选择 ST89C52RC 单片机

选中单片机类型后单击 OK 按钮，弹出如图 2-21 所示对话框，提示是否将 8051 的启动代码添加到工程中，单击"否"按钮。

图 2-21　是否拷贝启动代码

4）执行 File→New 命令，打开一个空白的文档，在编辑窗口域输入例 2-2 的程序，如图 2-22 所示。

5）编写完程序后，单击工具栏的"保存"按钮，在弹出的"另存为"对话框中输入程序名称，并加以后缀".c"，可完成程序的保存如图 2-23 所示。

6）将第 5 步保存的程序添加到工程项目中，如图 2-24 所示。

图 2-22　编写程序界面

图 2-23　保存程序

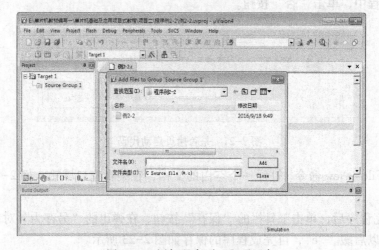

图 2-24　添加程序到工程项目中

7) 进行工程项目设置时，设置单片机工作频率为 11.0592 MHz，如图 2-25 所示。

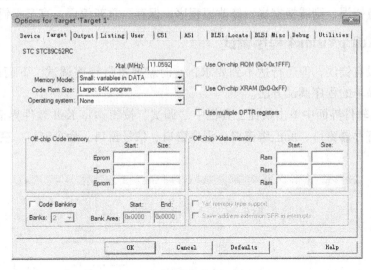

图 2-25　设置单片机工作频率

单击图 2-25 中的 Output 选项卡，勾选其中的 Create HEX File 复选框，选择输出 HEX
文件，如图 2-26 所示。

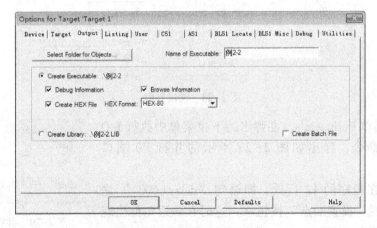

图 2-26　选择输出 HEX 文件

工程项目的建立一般只需要进行上述两项设置，其他的设置选项可以参考其他书籍。

8）单击工具栏中的"编译"按钮，对工程项目进行编译，输出窗口显示编译结果，如
图 2-27 所示。

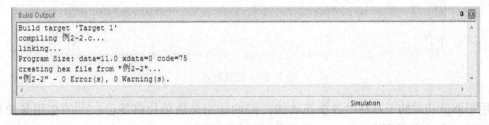

图 2-27　编译结果输出

编译输出结果包含程序编译、链接及程序大小、创建 HEX 文件、错误警告信息等内容。如果编译提示有错误，则需根据提示修改原程序、保存、重新编译，直至无错误。

2.2.2　Keil μVision4 程序调试

有时程序没有错误，但运行达不到要求，这时就要进行程序调试，下面以例 2-2 的程序为例，介绍简单的程序调试方法。

1）在 Keil 软件界面中单击快捷工具栏中"调试"按钮，Keil 软件界面如图 2-28 所示。该界面由寄存器窗口、反汇编窗口、程序窗口、信号窗口、命令窗口、变量及存储器窗口组成。

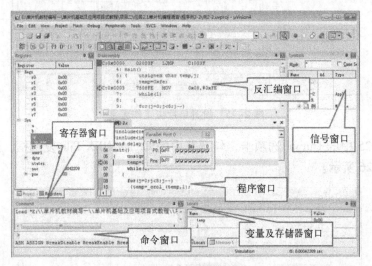

图 2-28　调试界面

2）单击菜单 Peripherals，在弹出的下拉菜单中执行 I/O Ports→Port 0 命令，弹出如图 2-29 所示的并行 P0 端口设置。

将光标定在程序的 12 行处，即语句"delay（600）"之前，单击工具栏"设置断点"按钮，这时在该语句前出现红色标识，如图 2-30 所示。

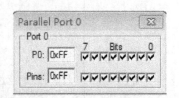

图 2-29　并行 P0 端口

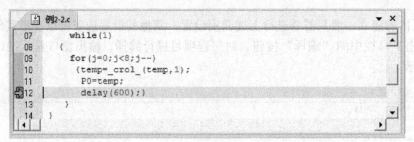

图 2-30　设置断点

用于调试相关的工具栏中各按钮功能：的作用是使单片机复位；的作用是使程序全速运行；的作用是停止程序运行；的作用是使程序单步运行，进入子程序内部；

的作用是使程序单步运行，不进入子程序内部；⟨⟩的作用是使程序跳出目前所在的函数；⟨⟩的作用是使程序运行到光标处。

3）单击工具栏"程序全速运行"按钮▣使程序全速运行，由于第2步中在程序第12行设置了断点，程序运行到该行处停止了，界面如图2-31所示。

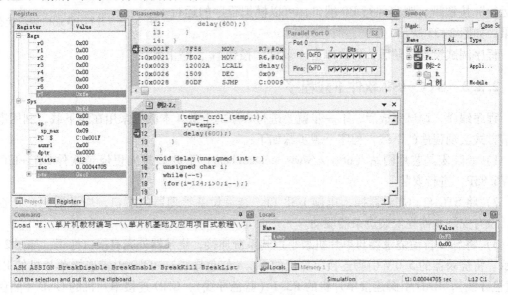

图2-31　程序运行到断点处

观察此图 2-31 中的 register 窗口，sec = 0.00044705 表示程序运行到此处用时 0.00044705 s，通过"register"窗口可以观察程序运行过程中，一些寄存器值的变化情况。图2-28中右下方变量及存储器窗口可以观察程序中变量和存储器中的值，在这里不详细讲解。

单片机延时实现有两种方法，一种是软件延时，另外一种是硬件延时（由定时器产生，在后面定时器应用中将会讲到）。因为单片机控制 LED 灯闪烁时，单条赋值语句执行时间只有微秒级，人的肉眼是没有办法观察到 LED 灯点亮的效果，因此需要给端口持续的赋值，这样就需要调用延时函数。软件延时就是反复执行指令产生时间的累积，单片机每执行一条指令都需要花费一定时间，执行指令时间长短与单片机频率密切相关。

软件延时函数产生的延时约为 t×1 ms，主函数调用延时函数 delay(600)，总的延时约为 600×1 ms=0.6 s。下面先验证延时函数的延时是否为 0.6 s。

4）单击工具栏的"单步运行"按钮⟨⟩，使程序跳转到第9行，如图2-32所示。

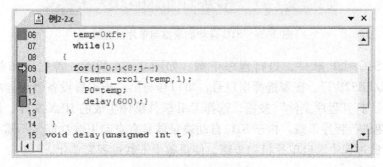

图2-32　单步运行程序

这时"register"窗口，sec = 0.65432943 s，执行"delay (600)"语句的用时为 t = 0.65432943 s - 0.00044705 s = 0.65388238 s，验证了延时函数的延时约为 0.6 s。

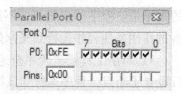

图 2-33 并行 P0 端口运行状态

5）双击程序第 12 行处的断点，将断点撤销。单击"全速运行"按钮 ，观察并行 P0 端口，可以模拟程序的运行效果，如图 2-33 所示。

程序调试没有问题后，再次单击"调试"按钮 ，停止调试。

2.2.3　STC-ISP 软件下载程序

程序编译、调试完成后，下一步就要进行程序的下载。本教程采用在线下载，利用串行通信方式实现程序的下载，程序下载步骤如下：

1）登陆宏晶芯片网站（http://www.stcmcu.com）下载最新编程烧录软件 STC-ISP 软件 V6.85P，进行安装。

2）将 STC 自动烧录器插入电脑 USB 口，查看设备管理器的端口，烧录器驱动是否安装，没有安装则需先安装烧录器驱动。

3）将 STC 自动烧录器与单片机最小控制系统连接，烧录器外壳有接口标识，如图 2-34 所示。将烧录器的 5.0 V 引脚连接单片机的 V_{CC}（红色导线），TXD 引脚连接单片机的 P3.0（黄色导线），RXD 引脚连接单片机的 P3.1（蓝色导线），GND 连接单片机的 GND（黑色导线），特别注意的是烧录器的 TXD 引脚连接的是单片机的 P3.0，也就是单片机的 RXD 引脚。

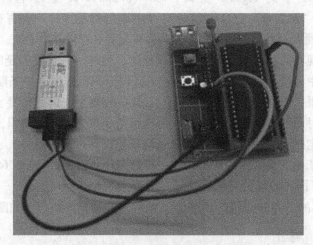

图 2-34　STC 自动烧录器与单片机连接

4）打开 STC-ISP 软件，进行程序下载。如图 2-35 所示，首先选择单片机型号为"STC89C52RC/LE52RC"，接着选择串口号，串口号与第二步查看设备管理器中的端口号一致。然后单击"打开程序文件"按钮，选择 Keil 软件编译生成的 HEX 文件。最后单击"下载/编程"按钮进行程序下载。由于 STC 自动烧录器具有自动下载功能，不需要单片机冷启动，省去在下载过程中重启单片机的步骤，使得整个下载过程简单化。

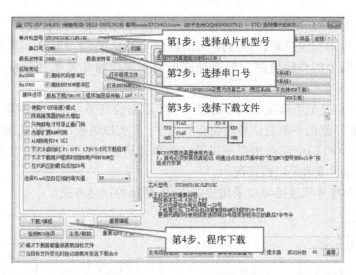

图 2-35　STC-ISP 程序下载

任务 2.3　花样流水灯控制的实现

2.3.1　设计和焊接 8 位 LED 灯接口电路

1. 发光二极管工作原理

发光二极管简称 LED（Light Emitting Diode），是由镓（Ga）与砷（As）、磷（P）、氮（N）、铟（ln）的化合物制成的二极管。它是半导体二极管的一种，可以将电能转化成光能，与普通二极管一样由一个 PN 结组成，具有单向导电性。当给发光二极管加上正向电压，从 P 区注入到 N 区的空穴和由 N 区注入到 P 区的电子，在 PN 结附近分别与 N 区的电子和 P 区的空穴复合，产生自发辐射的荧光。砷化镓二极管发红光，磷化镓二极管发绿光，碳化硅二极管发黄光，氮化镓二极管发蓝光。

发光二极管种类繁多，不同的发光二极管有不同的管压降，例如超亮红色发光二极管的压降为 2.0 V~2.2 V，黄光为 1.8 V~2.0 V，绿光为 3.0 V~3.2 V。不同的发光二极管有不同的工作电流，一般为 5~20 mA。发光二极管在使用时需串联电阻（控制通过二极管的电流，常称为限流电阻），其限流电阻 R 的计算公式下：

$$R = \frac{U - U_{LED}}{I_{LED}} \tag{2-1}$$

式中　U——LED 电路电压，U_{LED} 为 LED 管压降；

I_{LED}——LED 工作电流，限流电阻 R 值不能太大，阻值太大发光二极管不够亮，阻值太小发光二极管容易烧毁。

2. 设计 8 位 LED 灯接口电路

8 位 LED 灯接口电路设计之前，先理解"灌电流""拉电流""上拉电阻""下拉电阻"等概念。

"灌电流"和"拉电流"是针对端口而言。对一个端口，如果电流是向端口内流动，则称此电流为"灌电流";如果电流是从端口流出,则称此电流为"拉电流"。单片机的引脚输出电平的高低可由程序控制,但程序无法控制单片机的端口电流。其端口电流在很大程度上取决于引脚上的外接电路,根据外围电路不同可将单片机的负载分为灌电流负载和拉电流负载。

"上拉电阻"就是把不确定的信号通过一个电阻钳位在高电平,此时电阻还起到限流的作用。"下拉电阻"是把不确定信号钳位在低电平。"上拉电阻"一般应用在提高 TTL 电路驱动 CMOS 电路、OC 门电路输出电平以及加大单片机管脚输出驱动能力上。"下拉电阻"一般用于设定低电平或者是阻抗匹配。

发光二极管与单片机连接可以采用如图 2-36 所示的连接方式。

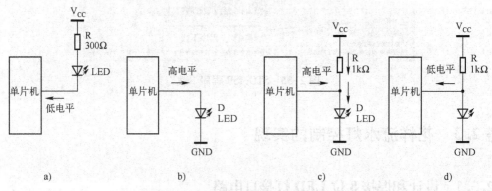

图 2-36 单片机外接发光二极管电路

图 2-36a 中当单片机输出低电平,电流从 V_{CC} 流经限流电阻、发光二极管流入单片机,此电流称为"灌电流",发光二极管点亮;当单片机输出高电平,端口无电流,发光二极管熄灭。

图 2-36b 中当单片机输出低电平,端口无电流,发光二极管熄灭。当单片机输出高电平,电流从单片机端口流出,流经发光二极管至地,发光二极管点亮。由于单片机输出电流很小,有的发光二极管亮度不够或者不亮。

图 2-36c 和 d 中当单片机输出低电平,电流从 V_{CC} 流经限流电阻,流入单片机,不经过发光二极管,此电流也称为"灌电流",但此电流并没有起什么作用,而是白白浪费掉。当单片机输出高电平,电流从 V_{CC} 经过限流电阻和单片机内部流出的"拉电流"合并的电流,流经发光二极管至地,发光二极管点亮。限流电阻在此也称为"上拉电阻",电阻值选的过大,"拉电流"过小无法驱动发光二极管,电阻值选得过小,"灌电流"过大,消耗能源并使单片机发热烧毁。

综上所述,8 个 LED 灯与单片机的接口电路形式采用图 2-36a 的"灌电流"方式。单片机输出"0",点亮发光二极管;单片机输出"1",发光二极管熄灭,单片机"灌电流"大约为 10 mA,根据公式(2-1)计算限流电阻约为 300 Ω,实际选用 220 Ω,其接口电路如图 2-37 所示。

3. 焊接 8 位 LED 灯接口电路

项目 1 中已经焊接了单片机最小系统,所以本任务中只需要焊接外围电路即可。其焊接步骤如下:

1)准备元器件及工具,详见表 2-12。

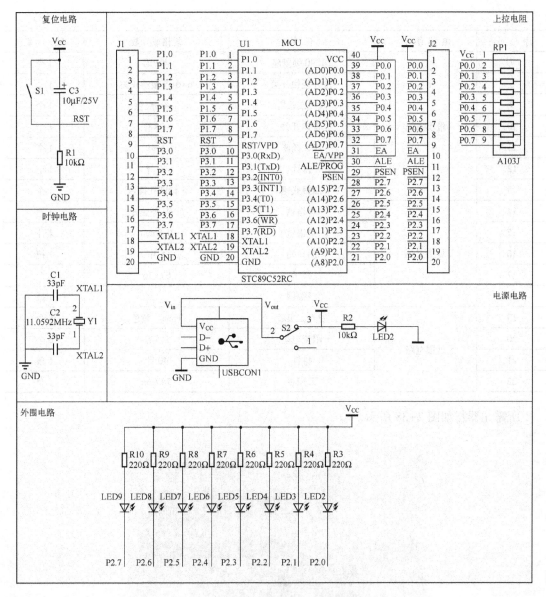

图 2-37 花样流水灯控制电路

表 2-12 制作花样流水灯所需器材

序 号	电路组成	元 件 名 称	规格或参数	数 量
1		电阻	10 kΩ	2 个
2		排阻	10 kΩ	1 个
3	最小系统	电解电容	10 μF	1 个
4		瓷片电容	30 pF	2 个
5		晶振	12 MHz	1 个
6		万用板	5 cm×7 cm	1 块

序　号	电路组成	元 件 名 称	规格或参数	数　量
7		DIP40 锁紧座	40PIC	1个
8		常开轻触开关	6×6×5 微动开关	1个
9		发光二极管	3 mm 红色	1个
10	最小系统	自锁开关	8×8	1个
11		USB 插座	A 母	1个
12		排针	40 针	1个
13		晶振底座	3 针圆孔插座	1个
14		焊烙铁	50 W 外热式	1把
15		焊锡丝	0.8 mm	若干
16	焊接工具	斜口钳	5 寸	1把
17		镊子	ST-16	1个
18		吸锡器		1把
19		发光二极管	3 mm、黄色	8个
20	外围电路	限流电阻	220 Ω	8个
21		排针	40 针	1条
22		万用板	5×7 cm	1个

所需元器材如图 2-38 所示。

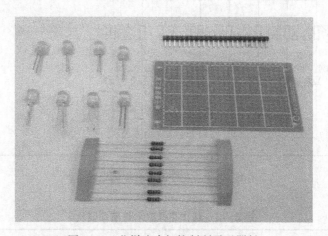

图 2-38　花样流水灯控制所需元器材

2）检测元器件。检测外围电路元器件，主要检测发光二极管好坏，核实发光二极管的阴极和阳极，检测限流电阻的阻值是否正确。

3）焊接电路。根据图 2-37 中 8 个 LED 的阳极分别串联限流电阻，LED 阴极通过 8 个排针引出。8 个限流电阻的一端连在一起，通过 1 个排针引出。焊接完毕的电路板如图 2-39 和图 2-40 所示。

图 2-39　花样流水灯电路正面

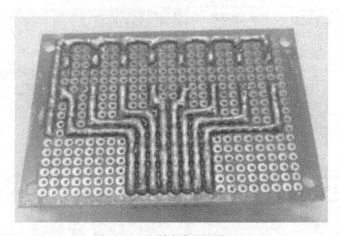

图 2-40　花样流水灯电路反面

2.3.2　编程实现单个 LED 灯闪烁

1. 编程任务

编写程序控制单个 LED 灯闪烁，闪烁频率为 1 s。

2. Keil 软件编写程序、编译程序、调试程序

1）打开 Keil 软件，新建工程名为"单个 LED 灯闪烁 . uvproj"，对 CPU、晶振频率、输出文件进行设置，如图 2-41 所示。

2）创建空白文档，在空白文本编辑器中输入程序，保存源程序，并将源程序添加到工程项目中，如图 2-42 所示。

源程序如下：

```
#include<reg52. h>              //头文件
sbit LED = P2^0;                //位定义,将 P2^0 端口定义为 LED
void delay( unsigned int t);    //延时子函数声明
main( )                         //主函数
{
```

```
    while(1)                    //无限循环语句
{    LED=1;                     //P2^0端口输出高电平,LED灯灭
     delay(1000);               //调用延时函数
     LED=0;                     //P2^0端口输出低电平,LED灯亮
     delay(1000);}              //调用延时函数
}
void delay(unsigned int t)      //延时子函数,延时 t×1 ms,针对 12 MHz
{    unsigned char i;           //局部变量定义
     while(--t)                 //循环语句 while
     {for(i=124;i>0;i--);}      //循环语句 for
}
```

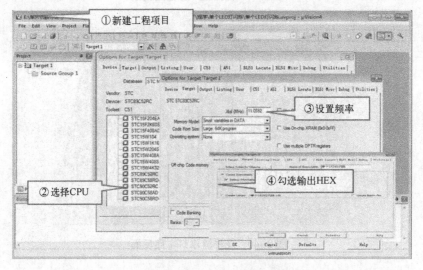

图 2-41　新建工程和目标设置

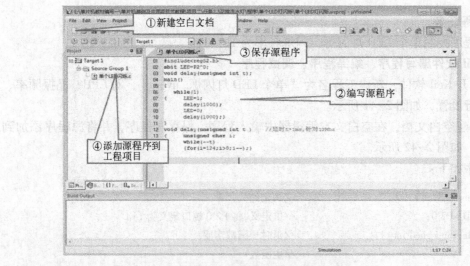

图 2-42　编写单个 LED 闪烁程序

72

3）单击"编译"按钮，程序编译后输出相关信息，如程序有错误和警告，需修改后重新编译直至无误，如图 2-43 所示。

图 2-43　程序编译生成 HEX 文件

4）单击"调试"按钮，打开 P2 端口以便观察程序运行状态，接着单击"单步运行"按钮，观察 P2 端口变化，操作过程如图 2-44 所示。

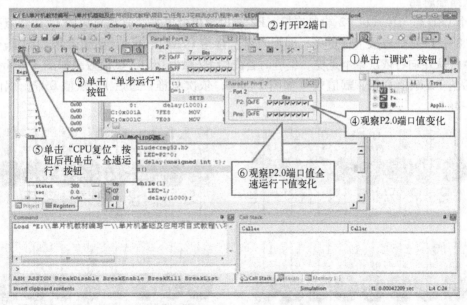

图 2-44　调试程序

3. 下载程序、连接电路和观察实验结果

编译源程序，生成 HEX 文档，将其下载到 STC 单片机中。用 1 根导线将 8 个 LED 灯公共端口连接单片机的 40 号引脚 V_{cc}，用 1 根导线将其中 1 个 LED 灯的阴极引出端口连接单

片机的 P2.0 端口，图 2-45 为实验结果。

图 2-45　实验结果

2.3.3　编程实现任意花样流水灯控制程序

1. 编程任务

编程实现 8 个 LED 灯花样闪烁，闪烁方式为：8 个 LED 灯同时亮→8 个 LED 灯同时灭→8 个 LDE 灯奇数灯亮→8 个 LED 灯偶数灯亮→8 个 LED 灯从左向右依次单个点亮→8 个 LED 灯从左向右依次点亮，整个程序无限循环下去，LED 灯闪烁频率为 0.5 s。

2. 编程思路

8 个 LED 灯与单片机 P2 端口连接，P2 端口输出低电平，驱动对应的 LED 灯点亮。例如要求 8 个 LED 灯奇数个灯点亮，编程时就直接给 P2 赋值 0xaa，赋值效果如图 2-46a；8 个 LED 灯从左向右依次单个点亮，编程时首先给 P2 赋值 0x7f，赋值效果如图 2-46b；延时 0.5 s 后给 P2 赋值 0xbf，赋值效果如图 2-46c；依次类推，最后 P2 赋值 0xf7，赋值效果如图 2-46d。

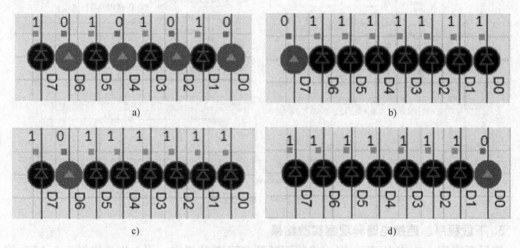

图 2-46　赋值效果图

a) 给 P2 赋值 0xaa　b) 给 P2 赋值 0x7f　c) 给 P2 赋值 0xbf　d) 给 P2 赋值 0xf7

74

按照上述编程思路，依次对 P2 端口赋值，即可实现 8 个 LED 灯的不同闪烁方式。其相应源程序如下：

```
#include<reg52.h>                    //头文件
void delay(unsigned int t);          //延时子函数声明
void main()                          //主函数
{
    while(1)                         //无限循环语句
    {P2=0xff;                        //8 个 LED 同灭
    delay(500);                      //延时 0.5 s
    P2=0x00;                         //8 个 LED 同亮
    delay(500);                      //8 个 LED 同时亮同时灭，闪烁间隔时间 0.5 s

    P2=0xaa;                         //奇数 LED 灯亮
    delay(500);                      //延时 0.5 s
    P2=0x55;                         //偶数 LED 灯亮
    delay(500);    //8 个 LED 间隔 1 个 LED 灯同时亮、同时灭，闪烁间隔时间 0.5 s

    P2=0x7f;                         //最左边(第 8 个)LED 灯亮
    delay(500);                      //延时 0.5 s
    P2=0xbf;                         //第 7 个 LED 灯亮
    delay(500);                      //延时 0.5 s
    P2=0xdf;                         //第 6 个 LED 灯亮
    delay(500);                      //延时 0.5 s
    P2=0xef;                         //第 5 个 LED 灯亮
    delay(500);                      //延时 0.5 s
    P2=0xf7;                         //第 4 个 LED 灯亮
    delay(500);                      //延时 0.5 s
    P2=0xfb;                         //第 3 个 LED 灯亮
    delay(500);                      //延时 0.5 s
    P2=0xfd;                         //第 2 个 LED 灯亮
    delay(500);                      //延时 0.5 s
    P2=0xfe;                         //第 1 个 LED 灯亮
    delay(500);  //8 个 LED 灯依次从左向右单个亮，其他 7 个 LED 处于灭的状态，闪烁间隔时间 0.5 s

    P2=0xff;                         //8 个 LED 同灭
    delay(500);                      //延时 0.5 s
    P2=0x7f;                         //最左边(第 8 个)LED 灯亮
    delay(500);                      //延时 0.5 s
    P2=0x3f;                         //左边 2 个 LED 灯亮
    delay(500);                      //延时 0.5 s
    P2=0x1f;                         //左边 3 个 LED 灯亮
```

```
    delay(500);                //延时 0.5 s
    P2=0x0f;                   //左边 4 个 LED 灯亮
    delay(500);                //延时 0.5 s
    P2=0x07;                   //左边 5 个 LED 灯亮
    delay(500);                //延时 0.5 s
    P2=0x03;                   //左边 6 个 LED 灯亮
    delay(500);                //延时 0.5 s
    P2=0x01;                   //左边 7 个 LED 灯亮
    delay(500);                //延时 0.5 s
    P2=0x00;                   //8 个 LED 灯亮
    delay(500);  //8 个 LED 灯依次从左向右亮，LED 灯不亮的个数递减，闪烁间隔时间 0.5 s
    }
 }
void delay(unsigned int t)     //延时 t×1 ms，针对 12 MHz
{   unsigned char i;
    while(--t)
    {for(i=124;i>0;i--);}}
```

上述程序简单易懂，并容易实现，但缺点是代码过多，占用单片机存储空间较大，程序一旦出错则不容易纠错。从上面的程序可以看出，对端口赋值具有重复性，可以在编程时引入数组和循环语句，使得程序紧凑、简洁。在任务 3.1 中将介绍数组数据结构的编程应用。

3. 下载程序、连接电路和观察实验结果

编译源程序，生成 HEX 文档，将下载到 STC 单片机中。用 1 根导线将 8 个 LED 灯的公共端口连接单片机的 40 号引脚 V_{CC}，用 8 根导线将 8 个 LED 灯的阴极引出端口连接单片机的 P2 端口。图 2-47、图 2-48、图 2-49 和图 2-50 为实验结果。

图 2-47　花样 1 闪烁效果

图 2-48　花样 2 闪烁效果

图 2-49　花样 3 闪烁效果

图 2-50　花样 4 闪烁效果

项目小结

通过项目 2 的理论学习和动手实践，首先可掌握基于单片机的 C 语言编程规范，其中大部分知识点在学习程序设计（C 语言）中已经涉及，这里需要注意的是与普通 C 语言不同的地方。其次可熟练掌握 Keil 软件和 STC 下载软件使用方法，会使用该软件进行程序的开发、调试及下载。最后可掌握发光二极管的工作原理，花样流水灯控制的硬件和软件开发方法。

习题与制作

一、填空题

1. C51 中的任何程序总是由 3 种基本结构组成：_____、_____、_____。

2. 单片机系统经常采用 LED 作为显示器件，其连接有共阳极和共阴极两种接法。如某系统采用共阳极接法，那么其有效输入电平（点亮）应为_____。

3. 51 单片机指令系统中共有 111 条指令，有 7 种寻址方式，分别是_____、_____、_____、_____、_____、_____和_____。

4. 汇编指令格式是由_____和_____组成，也可仅由_____组成。

5. _____是 C51 程序的基本单位。

6. C51 程序中，语句由_____结尾。

7. C51 中，16 进制数的表示方法是_____，0x12 表示的十进制数是_____。

8. 逻辑与运算符是_____，按位与运算符是_____，逻辑或运算符是_____，按位或运算符是_____，逻辑非运算符是_____，按位反运算符是_____。

二、选择题

1. C51 编译器中不支持的存储模式是（　　）。

　　A　Xdata　　　　　　B　Small　　　　　　C　Compact　　　　　D　Large

2. 计算机能直接识别的语言是（　　）。

　　A　汇编语言　　　B　自然语言　　　C　机器语言　　　　D　C 语言

3. 可以将 P1 端口的低 4 位全部置高电平的表达式是（　　）。

　　A　P1& =0x0f　　B　P1｜=0x0f　　C　P1^=0x0F　　　D　P1 = ~P1

4. 以下软件中，属于单片机用 C 语言开发工具的是（　　）。

　　A　Keil uVision4　　　　　　　　B　Word

　　C　Internet Explore　　　　　　 D　Visual C++6. 0

5. 使用单片机开发系统调试 C 语言程序时，首先应新建文件，该文件的扩展名是（　　）。

　　A　. C　　　　　　B　. asm　　　　　C　. hex　　　　　　D　. bin

6. 使用单片机开发系统调试程序时，对源程序进行汇编的目的是（　　）。

　　A　将源程序转换成目标程序　　B　将目标程序转换成源程序

　　C　将低级语言转换成高级语言　　D　连续执行

7. 下面叙述不正确的是（　　）。

　　A　一个 C 语言中的源程序可以由一个或多个函数组成

　　B　一个 C 语言中的源程序必须包含一个函数 main( )

　　C　在 C 语言程序中，注释说明只能位于一条语句的后面

D C 语言程序的基本组成单位是函数

8. 下列数据类型中（　　）属于 C51 编辑器的扩充数据类型。

    A float   B sfr   C int   D char

9. 对于 51 系列单片机必须首先调用（　　）头文件。

    A stdio. h   B reg51. h   C math. h   D ctype. h

10. 字符型变量循环左移的函数是（　　）。

    A _irol_   B _iror_   C _crol_   D _cror_

三、简答题

1. 简述单片机 C 语言的特点。

2. C51 的数据存储类型有哪些？

3. C51 对单片机特殊功能寄存器的定义方法？

4. 什么是存储模式？存储模式和存储类型有什么关系？

5. 若用 P1.0 端口控制一只发光二极管，请画出发光二极管作拉电流负载和作灌电流负载时的电路图。

6. 请说明为什么使用 LED 时需要接限流电阻，当高电平为+5 V 时，正常点亮一个 LED（设 LED 的正常工作电流为 10 mA，导通压降为 2.2 V）需要接多大阻值的限流电阻？

四、制作题

设计心形 LED 流水灯电路，编写程序控制 16 个 LED 灯按规律闪烁。要求 16 个 LED 灯按照心字形排列，单片机 I/O 端口直接控制 LED 灯，设计电路并编写程序。

项目3 单片机控制显示器的设计与制作

【知识目标】

1. 了解数码管内部结构及原理
2. 掌握数码静态显示和动态显示的编程原理
3. 了解点阵显示的内部结构和原理
4. 掌握控制点阵显示的编程原理

【能力目标】

1. 掌握数码管外围电路的设计、焊接及调试方法
2. 掌握点阵外围电路的设计、焊接及调试方法

任务3.1 单片机控制数码管静态显示

3.1.1 数码管静态显示相关知识

数码管是单片机应用系统中常用的一种显示器件，由于其价格低廉、操作简单，被广泛应用于各种数字显示系统中。

1. 数码管显示原理

七段数码管内部由7个条形发光二极管和1个小圆点发光二极管组成，根据各管的亮暗组合成字符。数码管分为共阳极数码管和共阴极数码管，共阳极数码管就是8个发光二极管的阳极接在一起（接电源），阳极是公共端，阴极分别引出；共阴极数码管是8个发光二极管的阴极接在一起（接地），阴极是公共端，阳极分别引出，其内部结构如图3-1所示。

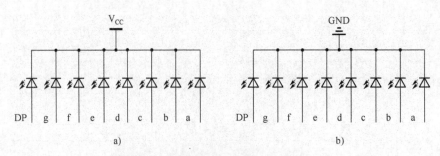

图3-1 共阳极和共阴极数码管内部结构

a）共阳极数码管　b）共阴极数码管

常见 1 位数码管有 10 根管脚，管脚排列如图 3-2 所示：

10 根管脚中有 8 根管脚分别对应着发光二极管 a、b、c、d、e、f、g、dp，另外两根管脚为公共端（接地或接电源）。图 3-2 中并没有标出几号管脚对应是哪个发光二极管，因为不同的厂商生产的数码管的管脚定义不同，在使用之前需用万用表测定。

2. 数码管的静态显示

静态显示也叫直流驱动或静态驱动。静态显示接口电路采用一个并行接口接一个数码管的段选端，数码管的公共端按共阴极或共阳极分别接地或接电源。每个数码管都要单独占用一个并行 I/O 端口，以便单片机传送字形码到数码管以控制数码管进行显示。数码管静态显示的优点是显示数据稳定，无闪烁，占用 CPU 时间少；缺点是当显示位数多时，占用 I/O 端口过多，功耗大。

3. 数码管的字形编码

图 3-3 所示的数码管显示字符"2"，根据数码管显示原理，给共阳极数码管的段选端"dp""f""c"赋高电平"1"，给段选端"g""e""d""b""a"赋低电平"0"；给共阴极数码管的段选端"dp""f""c"赋低电平"0"，给段选端"g""e""d""b""a"赋高电平"1"。所以共阳极数码管的段选端赋值就是"10100100＝A4H"，共阴极数码管的段选端赋值就是"01011011＝5BH"，如图 3-4 所示。

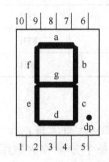

图 3-2　数码管引脚图

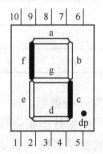

图 3-3　数码管显示字符"2"

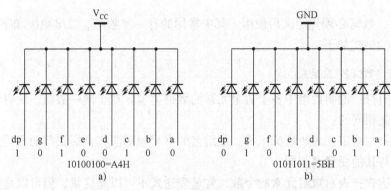

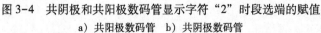

图 3-4　共阴极和共阳极数码管显示字符"2"时段选端的赋值

a）共阳极数码管　b）共阴极数码管

根据上述方法可以依次推算出其他一些常见字符的段选赋值，这些段选赋值的集合称为七段数码管的字形码。共阳极数码管和共阴极的数码管对于同一字符的字形码是不同的，并且两者数值为互补关系，例如字符"2"的共阳极数码管的字型码是A4H，对其取反就得到共阴极数码管字符"2"的字形码5BH。假设小数点对应的段选端"dp"不亮，7段数码管常见字符字形码详见表3-1。

表3-1　常见字符字形码表

显示字符	字　形　码		显示字符	字　形　码	
	共阴极	共阳极		共阴极	共阳极
0	3FH	C0H	A	77H	88H
1	06H	F9H	B	7CH	83H
2	5BH	A4H	C	39H	C6H
3	4FH	B0H	D	5EH	A1H
4	66H	99H	E	79H	86H
5	6DH	92H	F	71H	8EH
6	7DH	82H	—	40H	BFH
7	07H	F8H	P	73H	8CH
8	7FH	80H	P.	F3H	0CH
9	6FH	90H	熄灭	00H	FFH

4. 构造数据类型——数组

数组是一种将同类型数据集合管理的数据结构。数组是一种变量，将一组相同数据形态的变量以一个相同的变量名称（数组名）来表示，其中每个分量称为数组元素。单片机数码管显示的字符相应字形码是一组相同类型的数据，编写程序时可以将这些字形码放入一维数组中，通过查询数组将字符字形编码赋给端口，这种方法可以大大节省程序存储空间。

在C51中，数组必须先定义后使用，其中常用的有一维数组、二维数组和字符数组。

一维数组的格式如下。

类型说明符　数组名［常量表达式］

- 类型说明符：说明数组中各个数组元素的数据类型。对于同一数组，所有元素的数据类型都是相同的。
- 数组名：用户定义的数组标识符。数组名的书写规则应符合标识符的书写规定，数组名不能与其他变量名相同。
- 常量表达式：表示数组元素的个数，常量表达式不可以是变量，但可以是符号常数或常量表达式。

例如：

Int a[3]={2,4,6};   //定义整型数组 a,3 个数组元素 a[0]=2,a[1]=4,a[2]=6
Int b[4]={5,4,3,2};   //定义整型数组 b,3 个数组元素 b[0]=5,b[1]=4,b[2]=3,b[3]=2

二维数组的格式如下：

类型说明符　数组名[行数][列数]

例如：

Int a[3][4]={1,2,3,4},(5,6,7,8},{9,10,11,12};   //定义整型数组 a,数组元素有 3 行 4 列

3.1.2　数码管静态显示接口电路设计

数码管静态显示接口电路是将数码管的段选端通过限流电阻与单片机 I/O 端口相连，数码管的公共端接地或接电源。数码管每段的驱动电流与单个 LED 发光二极管一样，一般为 5~10 mA，驱动电流太大，容易烧毁数码管，驱动电流太小，数码管不亮。注意数码管段选端应接限流电阻后再与单片机连接，限流电阻值的大小计算同公式（2-1），其中数码管的正向电压随发光材料不同表现为 1.8~2.5 V 不等。图 3-5 为共阳极数码管和共阴极数码管静态显示接口电路的正确接法和不正确接法。

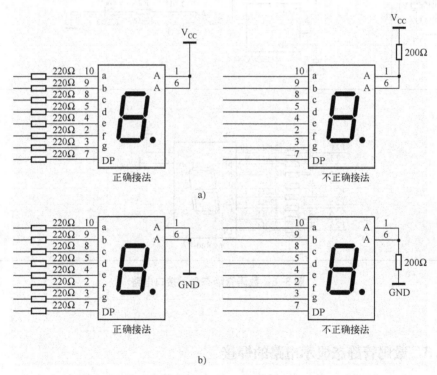

图 3-5　共阳极数码管和共阴极数码管静态显示接口电路
a）共阳极的接口电路　b）共阴极的接口电路

根据上述原理，画出数码管静态显示接口电路，如图 3-6 所示。

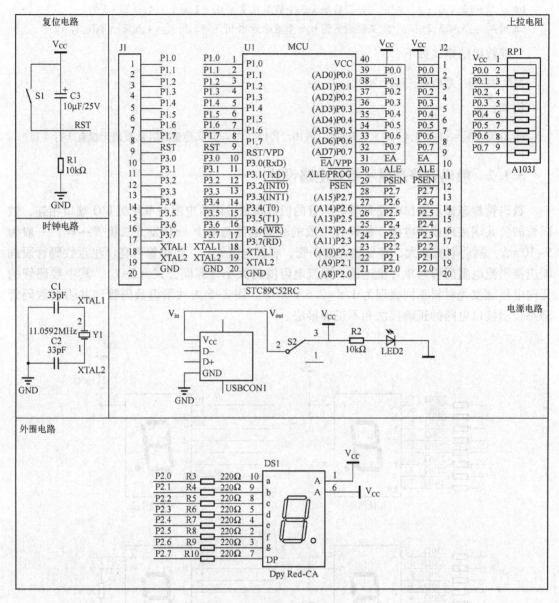

图 3-6　数码管静态显示接口电路

3.1.3　数码管静态显示电路的焊接

1. 准备元器件及工具

在项目一中已经焊接了单片机最小系统，本任务中只需要焊接数码管静态显示外围接口电路即可。任务 3.1 所需的元器件及工具详见表 3-2。

表 3-2　数码管静态显示所需元器件

序　号	电路组成	元件名称	规格或参数	数　量
1	最小系统	电阻	10 kΩ	2 个
2		排阻	10 kΩ	1 个
3		电解电容	10 μF	1 个
4		瓷片电容	30 PF	2 个
5		晶振	12 MHz	1 个
6		万用板	5×7 cm	1 块
7		DIP40 锁紧座	40PIC	1 个
8		常开轻触开关	6×6×5 微动开关	1 个
9		发光二极管	3 mm 红色	1 个
10		自锁开关	8×8	1 个
11		USB 插座	A 母	1 个
12		排针	40 针	1 个
13		晶振底座	3 针圆孔插座	1 个
14	焊接工具	焊烙铁	50 W 外热式	1 把
15		焊锡丝	0.8 mm	若干
16		斜口钳	5 寸	1 把
17		镊子	ST-16	1 个
18		吸锡器		1 把
19	外围电路	七段数码管	GY5101AB	1 个
20		限流电阻	220 Ω	8 个
21		排针	40 针	1 条
22		万用板	5 cm×7 cm	1 个

2. 检测元器件

数码管型号较多，规格尺寸也各异，将数字万用表置于二极管挡，用此挡可识别该数码管是共阴极还是共阳极，并可判别各引脚所对应的段是否损坏，定义 1 位数码管的引脚序号如图 3-7 所示。

以下是确定数码管类型及引脚的方法：

1）将数字万用表的旋钮拨至二极管挡位，红表笔接数码管 1 号引脚，黑表笔依次接数码管 2~10 号引脚，如果数码管的 8 段一次都不亮，将黑表笔接数码管的 1 号引脚，红表笔依次接数码管的 2~10 号引脚，如果数码管的 8 段仍然一次都不亮，则说明数码管是坏的。

图 3-7　1 位数码管引脚
序号定义图

2）红表笔接数码管 1 号引脚，黑表笔依次接数码管 2~10 号引脚，如果数码管的 7 段亮了 2 次，并且是同一个段亮了 2 次，则说明该 1 号引脚是段选端，亮了 2 次时黑表笔接的引脚为公共端，此数码管为共阴极数码管。确定了公共端之后，黑表笔固定于公共端引脚，用红表笔依次去确定其他端分别对应的段。

3）红表笔接数码管 1 号引脚，黑表笔依次接数码管 2～10 号引脚，如果数码管 7 段的每一段分别亮了一次，则说明 1 号引脚是公共端，分别点亮的 8 次对应的引脚为段选端，此数码管为共阳极数码管。

4）红表笔接数码管 1 号引脚，黑表笔依次接数码管 2～10 号引脚，如果数码管的 7 段一次都不亮，将黑表笔接数码管的 1 号引脚，红表笔依次接数码管的"2～10"号引脚，再根据情况二和情况三的分辨方法，确定数码管的类型及引脚定义。

3. 焊接电路

根据图 3-6，将共阳极数码管 GY5101AB 的公共端接电源，其他段选端接 P2 端口。焊接过程中，数码管段选端"dp"接"P2.7"，"g"接"P2.6"……以此类推，"a"接"P2.0"，如图 3-8 和图 3-9 所示。

图 3-8　数码管静态显示接口电路正面

图 3-9　数码管静态显示接口电路的反面

3.1.4 编程实现数码管字符"0"~"F"的显示

1. 编程任务

编程实现一位数码管循环显示字符"0"~"F"。

2. 编程思路

根据图 3-5，数码管是共阳极数码管，数码管的公共端接电源，其他 8 个段选端分别接 P2 端口，根据数码管的静态显示原理，数码管要求显示字符"0"，则只需要编写程序给 P2 端口赋值"0xC0"。任务要求数码管循环显示字符"0"~"F"，编程将"0"~"F"对应的共阳极的字形码依次赋给 P2 端口即可。其中最简单、直观的程序如下：

```
#include <reg52. h>                    //头文件
    void delay(unsigned int t);        //延时子函数声明
    void main(void)                    //主函数
        { while(1)                     //无限循环
        {P2=0xC0; delay(500);          //数码管显示字符"0"
        P2=0xF9; delay(500);           //数码管显示字符"1"
        P2=0xA4;delay(500);            //数码管显示字符"2"
        P2=0xB0;delay(500);            //数码管显示字符"3"
        P2=0x99;delay(500);            //数码管显示字符"4"
        P2=0x92;delay(500);            //数码管显示字符"5"
        P2=0x82;delay(500);            //数码管显示字符"6"
        P2=0xF8;delay(500);            //数码管显示字符"7"
        P2=0x80;delay(500);            //数码管显示字符"8"
        P2=0x90;delay(500);            //数码管显示字符"9"
        P2=0x88;delay(500);            //数码管显示字符"A"
        P2=0x83;delay(500);            //数码管显示字符"B"
        P2=0xc6;delay(500);            //数码管显示字符"C"
        P2=0xA1;delay(500);            //数码管显示字符"D"
        P2=0x86;delay(500);            //数码管显示字符"E"
        P2=0x8E;delay(500);}  }        //数码管显示字符"F"
void delay(unsigned int t)             //延时 t×1 ms，针对 12 MHz
    {unsigned char i;
    while(--t)
    {for(i=124;i>0;i--);}}
```

上述程序中依次给 P2 端口赋字符"0"~"F"的字形码"0xc0"~"0x8E"，每次赋值后延时 0.5 ms。该程序结构简单，易理解，也是初学者容易写出的，但此程序代码多，不适合编写复杂程序。在此基础上，引入数组这种数据结构，将字符的字形码放入 1 个数组中，加上 for 循环语句，依次将数组中的元素调用并赋给 P2 端口，程序如下：

```
#include <reg52. h>                    //头文件
void delay(unsigned intt);             //延时子函数声明
unsigned charcode LED7Code[ ] =
```

```
{0xC0,0xF9,0xA4,0xB0,0x99,0x92,0x82,0xF8,0x80,0x90,0x88,0x83,0xc6,0xA1,0x86,0x8E};
//定义数组LED7Code，数组里存放共阳极数码管"0"~"F"字形码值
void main(void)                      //主函数
{
    while(1)                         //无限循环
    {
    int k;                           //定义局部变量k
    for(k=0;k<=15;k++)               //for循环
      {
         P2=LED7Code[k];             //将数组元素赋给P2端口，数码管显示字符"0"~"F"
         delay(500);                 //延时0.5 s
      }
    }
}
void delay(unsigned int t)           //延时t×1 ms，针对12 MHz
  { unsigned char i;
    while(--t)
    {for(i=124;i>0;i--);}
  }
```

改进后的程序中代码大大减少而且将字形码统一放置在数组 LED7Code ［ ］ 中便于管理、修改。

3. 下载程序、连接电路和观察实验结果

编译源程序，生成 HEX 文档，下载到 STC 单片机中。用 1 根导线将数码管的公共端口连单片机的 40 号引脚 V_{CC}，用 8 根导线将数码管的段选端接单片机的 P2 端口。图 3-10、图 3-11、图 3-12 和图 3-13 为实验结果。

图 3-10　数码管显示字符"2"

图 3-11　数码管显示字符"6"

图 3-12　数码管显示字符"A"

图 3-13　数码管显示字符"F"

任务 3.2　单片机控制数码管动态显示

3.2.1　数码管动态显示相关知识

1. 4 位一体式数码管

将 4 个数码管的段选端并连在一起，位选端分别引出，4 个数码管封装在一起称为 4 位一体式数码管，外部封装如图 3-14 所示，内部电路结构如图 3-15 所示。

图 3-14　4 位数码管外部封装

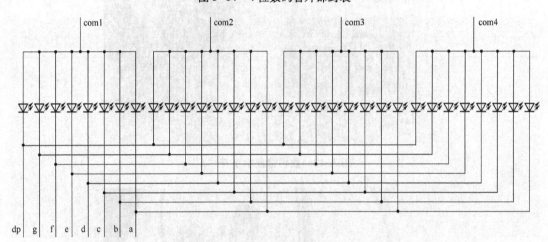

图 3-15　4 位数码管内部结构

4 位一体式数码管共有 12 个引脚，其中 8 个段选端引脚（a、b、c、d、e、f、g、dp）和 4 个位选端引脚（com1、com2、com3、com4），数码管的引脚如图 3-14 所示。不同厂家生产的数码管内部结构不一样，建议使用前用万用表确定各个引脚。

2. 数码管的动态显示原理

在实际的单片机系统中，往往需要多位数码管显示，由于每个数码管至少需要 8 个 I/O 口，如果多位数码管显示，则需要的 I/O 口太多，而单片机的 I/O 口是有限的。在实际应用中，一般采用动态显示的方式解决此问题。

数码管的动态显示的原理：电路上，将多位数码管的段选端分别连接在一起，公共端分别引出，如图 3-15 所示。编程时，需要输出段选和位选信号，位选信号选中其中一个数码管，然后输出段码，使被选中的数码管显示所需要的内容，延时一段时间后，再选中另一数码管，再输出对应段码，这样高速交替。

例如需要显示数字"1234"时，先输出位选信号选中第1个数码管，输出"1"的段码，延时一段时间后选中第2个数码管，输出"2"的段码，延时一段时间后选中第3个数码管，输出"3"的段码，延时一段时间后选中第4个数码管，输出"4"的段码。把上面的流程以一定的速度循环执行就可以显示"1234"。

由于交替的速度非常快，人眼看到的就是连续的"1234"。这就是利用人眼的视觉暂留特性，在动态显示中，各个位的延时时间长短是非常重要的，如果延时时间长，则会出现闪烁现象。如果延时时间太短，则会出现显示较暗并且有重影的现象。一般这个延时时间大约在 $1 \sim 4\,\mathrm{ms}$，具体延时时间可以在项目软硬件调试阶段确定。

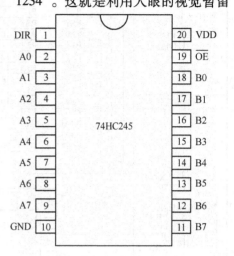

图 3-16　74HC245 引脚图

3. 数码管驱动电路

单片机端口的负载能力有限，如果超过其负载能力，应加驱动器。数码管动态显示时，为了保证足够的显示亮度，在 I/O 端口和数码管之间增加总线驱动电路。74HC245 是一种总线驱动器，是典型的 TTL 型双向三态缓冲门电路，共有 20 个引脚，其引脚如图 3-16 所示。

74HC245 真值功能表详见表 3-3。

表 3-3　74HC245 真值表

输出使能	输出控制	工作状态
$\overline{OE}$	DIR	
L	L	B 输入、A 输出
L	H	A 输入、B 输出
H	X	高阻态

从 74HC245 真值表可知，当$\overline{OE}$引脚接低电平，DIR 引脚接高电平时，74HC245 芯片的 A0 ~ A7 端口作为输入，其 B0 ~ B7 端口作为输出。

数码管位选端一般采用晶体管进行驱动。针对共阳极数码管，采用 PNP 型晶体管低电平驱动；针对共阴极数码管，采用 NPN 型晶体管高电平驱动。

3.2.2　数码管动态显示接口电路设计

根据上述数码管动态显示原理及数码管驱动电路，将电路设计如下：4 位一体式数码管的段选端（a、b、c、d、e、f、g、dp）连接 74HC245 的 B 输出端，74HC245 的$\overline{OE}$接地，DIR 引脚接 V_{cc}，74HC245 的 A 输入端接单片机的 I/O 口。4 位一体式数码管的位选端（com1\com2\com3\com4）通过晶体管驱动，晶体管选择 PNP 型 8550，晶体管的基极接单片机，发射极接 V_{cc}，集电极接数码管的位选端，数码管动态显示接口电路如图 3-17 所示。

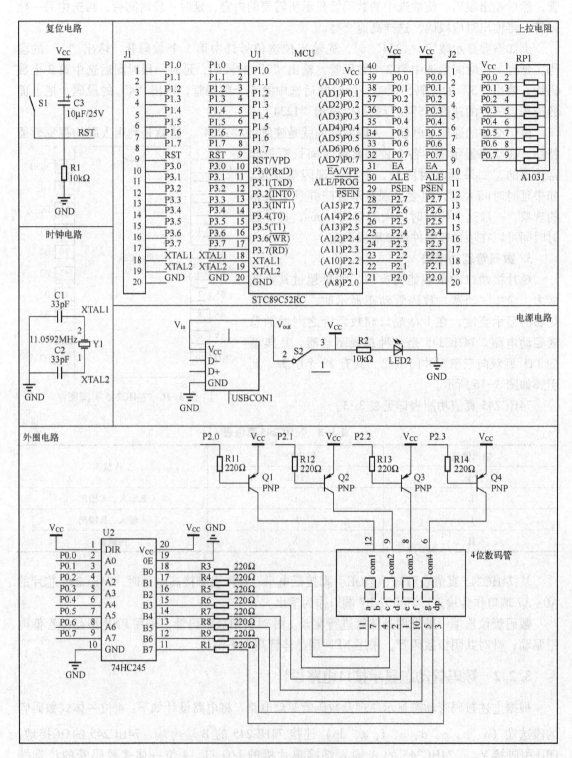

图 3-17　数码管动态显示接口电路

3.2.3 数码管动态显示接口电路的焊接

1. 准备元器件及工具

在项目 1 中已经焊接了单片机最小系统，本任务中只需要焊接数码管动态显示接口电路，所需的元器件及工具详见表 3-4。

表 3-4 数码管动态显示所需元器件

序 号	电路组成	元件名称	规格或参数	数 量
1	最小系统	电阻	10 kΩ	2 个
2		排阻	10 kΩ	1 个
3		电解电容	10 μF	1 个
4		瓷片电容	30 pF	2 个
5		晶振	12 MHz	1 个
6		万用板	5 cm×7 cm	1 块
7		DIP40 锁紧座	40PIC	1 个
8		常开开关	6×6×5 微动开关	1 个
9		发光二极管	3 mm 红色	1 个
10		自锁开关	8×8	1 个
11		USB 插座	A 母	1 个
12		排针	40 针	1 个
13		晶振底座	3 针圆孔插座	1 个
14	焊接工具	焊烙铁	50 W 外热式	1 把
15		焊锡丝	0.8 mm	若干
16		斜口钳	5 寸	1 把
17		镊子	ST-16	1 个
18		吸锡器		1 把
19	外围电路	4 位 7 段数码管	Ark SR410401N	1 个
20		限流电阻	220 Ω	12 个
21		晶体管	PNP（8550）	4 个
22		总线收发器	74HC245	1 个
23		DIP20 锁紧座	20PIC	1 个
24		排针	40 针	1 条
25		万用板	5×7 cm	1 个

2. 检测元器件

数码管动态显示接口电路新增 3 类元器件：4 位 7 段数码管、PNP 晶体管、总线收发器

74HC245。焊接电路之前需对这3类元器件进行检测，检测任务包括：

1）确定4位数码管是共阳极还是共阴极，确定4位数码管每个引脚定义。具体检测方法可以参考本书3.1.3的1位数码管检测方法。

2）确定晶体管是PNP管还是NPN管，晶体管的引脚每个引脚的定义，并确定晶体管的放大倍数，具体检测方法可参考本书1.1.2的晶体管检测方法。

3）根据数据手册确定芯片74HC245的引脚定义。

3. 焊接电路

根据图3-17将4位数码管位选端连接4个PNP晶体管的集电极，晶体管的基极分别引出接单片机的P2端口，晶体管的发射极通过电阻接电源。4位数码管的段选端通过驱动芯片74HC245接单片机的P0端口。图3-18是4位数码管动态显示焊接电路的正面，图3-19是4位数码管动态显示焊接电路的反面。

图3-18　4位数码管动态显示电路的正面

图3-19　4位数码管动态显示电路的反面

3.2.4　编程实现数码管动态显示字符"1234"

1. 编程任务

编程实现 4 位一体式数码管同时显示字符"1234"。

2. 编程思路

如图 3-17 所示，数码管的段选端通过 74HC245 接单片机 P0 端口，数码管的位选端通过 PNP 型晶体管 8550 接单片机 P2 端口，单片机 P2 端口输出低电平表示位选。

4 位数码管同时显示字符"1234"的编程思路：

1）P2.0 输出低电平，P2.1 端口输出高电平，P2.2 端口输出高电平，P2.3 端口输出高电平，选中左边第 1 位数码管，其他右边 3 个数码管未选中，P0 端口输出字符"1"的字形码，左边第 1 位数码管显示字符"1"，延时一段时间。

2）P2.0 端口输出高电平，P2.1 端口输出低电平，P2.2 端口输出高电平，P2.3 端口输出高电平，选中左边第 2 位数码管，其他 3 个数码管未选中，P0 端口输出字符"2"的字形码，第 1 位数码管显示字符"2"，延时一段时间。

3）P2.0 端口输出高电平，P2.1 端口输出高电平，P2.2 端口输出低电平，P2.3 端口输出高电平，选中左边第 3 位数码管，其他 3 个数码管未选中，P0 端口输出字符"3"的字形码，第 3 位数码管显示字符"3"，延时一段时间。

4）P2.0 端口输出高电平，P2.1 端口输出高电平，P2.2 端口输出高电平，P2.3 端口输出低电平，选中左边第 4 位数码管，其他 3 个数码管未选中，P0 端口输出字符"4"的字形码，第 4 位数码管显示字符"4"。延时一段时间。

根据上述编程思路，其相应源程序如下：

```
#include <reg52.h>              //头文件
void delay(unsigned intt);      //延时子函数声明
unsigned char code duanxuan[] = {0xc0,0xf9,0xa4,0xb0,0x99,
0x92,0x82,0xf8,0x80,0x90,0x88,0x83,0xc6,0xa1,0x86,0x8e};  //定义数组 duanxuan,共阳极数码管
                                //"0"~"F"字形码值
unsigned char code weixuan[] = {0xfe,0xfd,0xfb,0xf7};     //定义数组 weixuan,4 位数码管位选
  void main()                   //主函数
  {
  while(1)                      //无限循环
  {
  P0 = duanxuan[1];             //给段选端赋值,数码管显示字符"1"
  P2 = weixuan[0];              //给位选端赋值,选中第 1 位数码管
  delay(1);                     //延时 1 ms
  P0 = duanxuan[2];             //给段选端赋值,数码管显示字符"2"
  P2 = weixuan[1];              //给位选端赋值,选中第 2 位数码管
  delay(1);                     //延时 1 ms
  P0 = duanxuan[3];             //给段选端赋值,数码管显示字符"3"
  P2 = weixuan[2];              //给位选端赋值,选中第 3 位数码管
  delay(1);                     //延时 1 ms
```

```
        P0 = duanxuan[4];              //给段选端赋值,数码管显示字符"4"
        P2 = weixuan[3];               //给位选端赋值,选中第4位数码管
        delay(1);                      //延时1ms
        }
      }
    void delay(unsigned int t)         //延时t×1ms,针对12MHz
    { unsigned char i;
        while(--t)
        {for(i=124;i>0;i--);}
}
```

上述程序中数组 duanxuan[ ]中的元素为字符"0~F"的共阳极字形码,数组 weixuan[ ]中的元素为位选信号。主程序中将字符"1"的字形码赋给 P0 端口,位选信号"0xfe"赋给 P2 端口,4 位数码管第 1 位数码管点亮,显示字符"1",延时 1ms 时间,程序依次给 P0 赋值"2""3""4",P2 赋值"0xfd""0xfb""0xf7"。每次延时很短,由于人眼的视觉暂留特性,4 位数码管看似同时显示字符"1234"。上述程序简单易懂,基本反映了数码管的动态显示原理,但如果显示内容和显示位数增多,这种编程方法就不适用了,下面对此程序进行改进,改进程序如下:

```
#include <reg52.h>                     //头文件
void delay(unsigned intt);             //延时子函数声明
unsigned char code duanxuan[ ] = {0xc0,0xf9,0xa4,0xb0,0x99,
0x92,0x82,0xf8,0x80,0x90,0x88,0x83,0xc6,0xa1,0x86,0x8e};//定义数组 duanxuan,共阳极数码管
"0"~"F"字形码值
unsigned char code weixuan[ ] = {0xfe,0xfd,0xfb,0xf7};          //定义数组 weixuan,4位数码管位选
    void main()                        //主函数
    {
    while(1)                           //无限循环
    { int k;                           //定义局部变量k
      for(k=0;k<4;k++)                 //for循环
      {
        P0 = duanxuan[k+1];            //将数组元素赋给 P0 端口,数码管显示字符"0"~"F"
        P2 = weixuan[k];               //将数组元素赋给 P2 端口,选中相应位数码管
        delay(1);                      //延时1ms
      }
    }
    }
    void delay(unsigned int t)         //延时t×1ms,针对12MHz
    { unsigned char i;
        while(--t)
        {for(i=124;i>0;i--);}
    }
```

3. 下载程序、连接电路和观察实验结果

编译源程序，生成 HEX 文档，下载到 STC 单片机中。用 4 根导线将数码管的位选端口连单片机的 P2 端口，用 8 根导线将数码管的段选端连单片机的 P0 端口。图 3-20 为实验结果。

图 3-20　数码管动态显示效果图

任务 3.3　单片机控制 8×8 点阵显示

3.3.1　8×8 点阵相关知识

1. 8×8 点阵内部结构及原理

8×8 点阵共由 64 个发光二极管组成，且每个发光二极管放置在行线和列线的交叉点上，点阵内部结构如图 3-21 所示。每行 8 个 LED 灯的阳极连在一起，每列 8 个 LED 灯的阴极连在一起，这样的点阵称为行共阳极点阵。如果要将第 1 个 LDE 点亮，则第 9 脚接高电平，第 13 脚接低电平；如果要将第 1 行点亮，则第 9 脚接高电平，而 13、3、4、10、6、11、15、16 引脚接低电平；如果将第 1 列点亮，则第 13 脚接低电平，而 9、14、8、12、1、7、2、5 引脚接高电平。

单色 8×8 点阵显示屏外部引脚有 16 个，如图 3-22 所示。点阵显示屏的引脚如图 3-22 所示，但不是所有的点阵显示屏都适用此定义，使用前应先查看产品数据手册或使用万用表确定点阵显示屏行列定义、确定行共阳极还是行共阴极、并且确定引脚。

本设计使用 8×8 点阵显示屏，型号为 LD1088BS，其引脚定义与行列号对应关系如图 3-23 所示。

2. 8×8 点阵驱动电路

8×8 点阵显示屏有 16 个引脚，可以直接与 51 单片机相连。如果由多个 8×8 点阵显示屏组成 16×16 点阵显示屏或者更大像素点阵显示屏，这种直接连接法将不适用，需要加译码器或者锁存器。单片机 I/O 端口输出能力有限，对点阵进行列扫描或者行扫描时，必须在单片机与点阵之间加入常见的一些驱动芯片，如 74HC245、74HC574 以及一些常见的达林顿管。

97

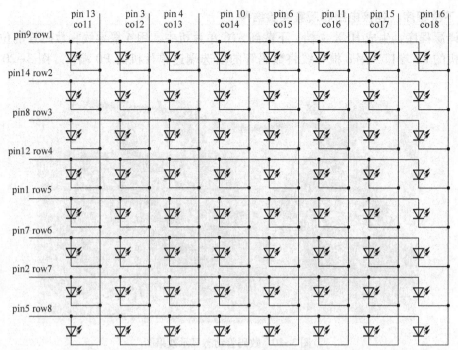

图 3-21　8×8 点阵内部结构示意图

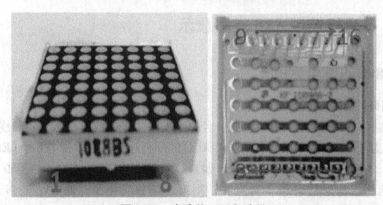

图 3-22　点阵的正面和反面

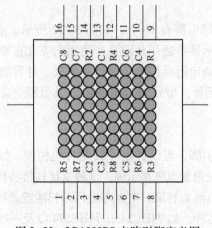

图 3-23　LD1088BS 点阵引脚定义图

3. 8×8 点阵编程

点阵显示通常采用扫描法显示数字或字符，有行扫描和列扫描两种扫描方式。

（1）行扫描

行扫描就是控制点阵显示器的行线依次输出有效驱动电平（高电平——针对行共阳极的点阵），当每行行线状态有效时，分别输出对应的行扫描码至列线，驱动该行 LED 点亮。图 3-24 中，若要显示字母"A"，可先将行 1 行置"1"，列 1~列 8 输出"11001111（CFH）"；再将行 2 行置"1"，列 1~列 8 输出"10110111（B7H）"；按照这种方式，将行线行 1~行 8 依次置"1"，列 1~列 8 依次输出相应的行扫描码值。

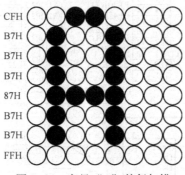

图 3-24　字母"A"的行扫描

（2）列扫描

列扫描就是控制点阵显示器的列线依次输出有效驱动电平（低电平——针对行共阳极的点阵），当每列列线状态有效时，分别输出对应的列扫描码至行线，驱动该列 LED 点亮。如图 3-25 所示，若要显示字母"A"，可先将列 1 行置"0"，行 1~行 8 输出"00000000（00H）"；再将列 2 行置"0"，行 1~行 8 输出"01111110（7EH）"；按照这种方式，将行线列 1~列 8 依次置"0"，行 1~行 8 依次输出相应的列扫描码值。

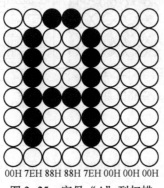

图 3-25　字母"A"列扫描

3.3.2　8×8 点阵显示接口电路设计

行扫描和列扫描都要求点阵显示器一次驱动一行或一列（8 个 LED），如果不加驱动电路，LED 会因电流较小而亮度不足。本设计采用两片 74HC245 驱动 8×8 点阵，电路如图 3-26 所示。

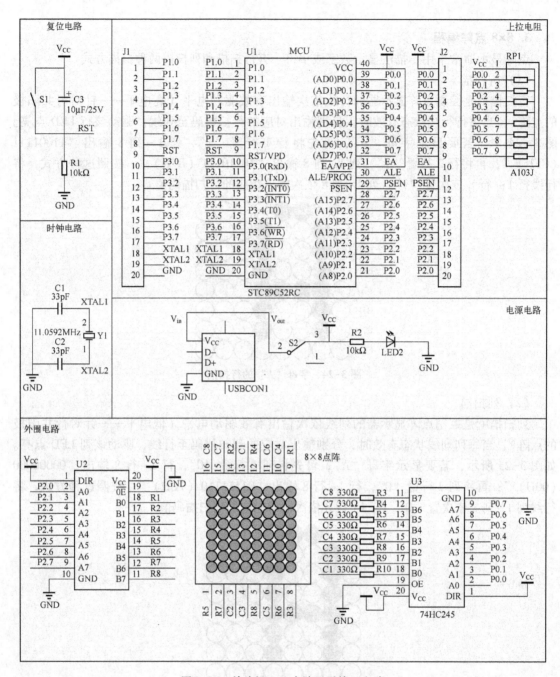

图 3-26　单片机 8×8 点阵显示接口电路

3.3.3　8×8 点阵显示电路的焊接

1. 准备元器件及工具

在项目 1 中已经焊接了单片机最小系统，本任务只需要焊接单片机 8×8 点阵显示接口电路即可，所需的元器件及工具详见表 3-5。

表 3-5 8×8 点阵显示电路焊接所需元器件

序　号	电路组成	元件名称	规格或参数	数　量
1	最小系统	电阻	10 kΩ	2 个
2		排阻	10 kΩ	1 个
3		电解电容	10 μF	1 个
4		瓷片电容	30 pF	2 个
5		晶振	12 MHz	1 个
6		万用板	5 cm×7 cm	1 块
7		DIP40 锁紧座	40PIC	1 个
8		常开开关	6×6×5 微动开关	1 个
9		发光二极管	3 mm 红色	1 个
10		自锁开关	8×8	1 个
11		USB 插座	A 母	1 个
12		排针	40 针	1 个
13		晶振底座	3 针圆孔插座	1 个
14	焊接工具	焊烙铁	50 W 外热式	1 把
15		焊锡丝	0.8 mm	若干
16		斜口钳	尺寸 5	1 把
17		镊子	ST-16	1 个
18		吸锡器		1 把
19	外围电路	8×8 点阵	1088BS	1 个
20		电阻	330 Ω	8 个
21		总线收发器	74HC245	2 个
22		DIP20 锁紧座	20PIC	2 个
23		排针	40 针	1 条
24		万用板	5 cm×7 cm	1 个

2. 检测元器件

焊接电路之前需要检测 8×8 点阵、总线收发器 74HC245 和电阻，对总线收发器 74HC245 和电阻的检测在前面任务中已经涉及，这里重点要检测 8×8 点阵。点阵的"行脚"与"列脚"一般不会出现一边全是"行脚"，一边全是"列脚"。它们更多的是行与列错乱排布，所以在使用之前要测出"行脚"和"列脚"，检测过程如图 3-27 所示。

3. 焊接电路

根据图 3-26 单片机 8×8 点阵显示接口电路所示，点阵采用两个 74HC245 分别进行列驱动和行驱动。其焊接电路的正面如图 3-28 所示，焊接电路的反面如图 3-29 所示。

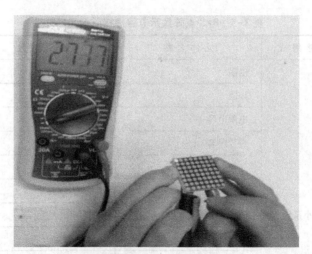

图 3-27　8×8 点阵检测

图 3-28　点阵焊接电路正面

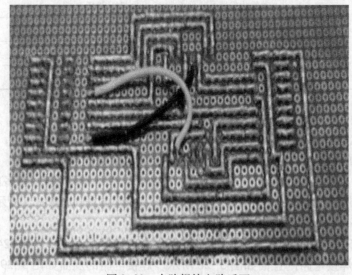

图 3-29　点阵焊接电路反面

3.3.4 编程实现点阵显示 26 个字母 "A" ~ "Z"

1. 编程任务

编程实现 8×8 点阵显示 26 个字母 "A" ~ "Z"。

2. 编程思路

先编一个简单程序实现 8×8 点阵显示字母 "A"。

如图 3-26 所示,点阵的 8 个行引脚通过 74HC245 连接 P2 端口,点阵的 8 个列引脚通过 74HC245 连接 P0 端口。假如点阵编程采用行扫描方法,其编程思路:给 P2 端口输出 0x01,扫描点阵的第 1 行,给 P0 端口输出 0xcf,第 1 行 2 个 LED 灯亮,延时一段时间;给 P2 端口输出 0x02,扫描点阵的第 2 行,给 P0 端口输出 0xb7,第 2 行 2 个 LED 灯亮;依次扫描第 3 行……直到第 8 行。如果每行扫描时间间隔设置合适,由于眼睛的视觉暂留特性,就可以看到显示的字符。程序如下:

```
#include <reg52.h>                    //头文件
#define uchar unsigned char           //定义 unsigned char 为 uchar
#define uint unsigned int             //定义 unsigned int 为 uint
#define ROW P2                        //定义 P2 为 ROW
#define COL P0                        //定义 P0 为 COL
void delay(uint t);                   //延时函数声明
uchar HangTab[] = {0x01,0x02,0x04,0x08,0x10,0x20,0x40,0x80};  //定义数组 HangTab[],放置行
扫描码值
uchar DigitTab[] = {0xcf,0xb7,0xb7,0xb7,0x87,0xb7,0xb7,0xff};  //定义数组 DigitTab[],放置列扫
描码值
  int main()                          //主函数
  {uchar i;                           //定义局部变量 i
  while(1)                            //无限循环
  {for(i=0;i<8;i++)                   //for 循环,行扫描 8 次
    {ROW=HangTab[i];                  //行扫描,高电平有效
    COL=DigitTab[i];                  //列扫描,低电平有效
    delay(3);} } }                    //延时 3 ms
void delay(uint t)                    //延时 t×1 ms,针对 12 MHz
  {    uchar i;
    while(--t)
    {for(i=124;i>0;i--);}}
```

上述程序数组 "HangTab[ ]" 表示要扫描的行,数组 "DigitTab[ ]" 表示每行要点亮哪些 LED,主程序中的 for 循环语句完成对点阵 8 行的依次扫描,循环体中分别给点阵行和列赋值,并延时一段时间,这个时间一般非常短,在 1~3 ms,不断循环扫描点阵的行,由于人眼的视觉暂留效应,最终点阵将显示数组 "DigitTab[ ]" 表示的字符。

上述简单程序可完成一个字符 "A" 的点阵显示,但任务要求是控制点阵使其依次显示 26 个字符 "A" ~ "Z"。首先确定剩下 25 个字母对应的列扫描码值,注意这个字符列扫描码值的确定与点阵的硬件电路连接以及字符显示形状密切相关。按照行扫描的方式确定字符

"B" ～ "Z" 的字形码如下。

    B：0x8f,0xb7,0xb7,0x8f,0xb7,0xb7,0x8f,0xff,

    C：0xcf,0xb7,0xbf,0xbf,0xbf,0xb7,0xcf,0xff,

    D：d0x8f,0xb7,0xb7,0xb7,0xb7,0xb7,0x8f,0xff,

    E：0x87,0xbf,0xbf,0x8f,0xbf,0xbf,0x87,0xff,

    F：0x87,0xbf,0xbf,0x8f,0xbf,0xbf,0xbf,0xff,

    G：0xcf,0xb7,0xbf,0xa7,0xb7,0xb7,0xcf,0xff,

    H：0xb7,0xb7,0xb7,0x87,0xb7,0xb7,0xb7,0xff,

    I：0x8f,0xdf,0xdf,0xdf,0xdf,0xdf,0x8f,0xff,

    J：0xf7,0xf7,0xf7,0xf7,0xb7,0xb7,0xcf,0xff,

    K：0xb7,0xb7,0xaf,0x9f,0xaf,0xb7,0xb7,0xff,

    L：0xbf,0xbf,0xbf,0xbf,0xbf,0xbf,0x87,0xff,

    M：0xb7,0x87,0x87,0xb7,0xb7,0xb7,0xb7,0xff,

    N：0xb7,0x97,0x97,0xa7,0xa7,0xb7,0xb7,0xff,

    O：0x87,0xb7,0xb7,0xb7,0xb7,0xb7,0x87,0xff,

    P：0x8f,0xb7,0xb7,0x8f,0xbf,0xbf,0xbf,0xff,

    Q：0xcf,0xb7,0xb7,0xb7,0x97,0xa7,0xc7,0xff,

    R：0x8f,0xb7,0xb7,0x8f,0x9f,0xaf,0xb7,0xff,

    S：0xcf,0xb7,0xbf,0xcf,0xf7,0xb7,0xcf,0xff,

    T：0x87,0xdf,0xdf,0xdf,0xdf,0xdf,0xdf,0xff,

    U：0xb7,0xb7,0xb7,0xb7,0xb7,0xb7,0xcf,0xff,

    V：0xb7,0xb7,0xb7,0xb7,0xcf,0xcf,0xcf,0xff,

    W：0xb7,0xb7,0xb7,0xb7,0x87,0x87,0xb7,0xff,

    X：0xb7,0xb7,0xcf,0xcf,0xcf,0xb7,0xb7,0xff,

    Y：0x77,0x77,0xaf,0xdf,0xdf,0xdf,0xdf,0xff,

    Z：0x87,0xf7,0xef,0xcf,0xdf,0xbf,0x87,0xff,

其次，编程思路与完成字符"A"点阵显示程序类似，首先对行进行扫描，再给每行对应的列赋值，扫描8行后，这里有26个字符，如果定义26个数组，则按照该编程思路依次行赋值、列赋值，这样程序代码太长，因此采用二维数组定义26个字符"A"～"Z"，改进程序如下：

```
#include<reg52.h>                    //头文件
#define uchar unsigned char          //定义 unsigned char 为 uchar
#define uint unsigned int            //定义 unsigned int 为 uint
#define ROW P2                       //定义 P2 为 ROW
#define COL P0                       //定义 P0 为 COL
void delay(uint t);                  //延时函数声明
uchar code HangTab[] = {0x01,0x02,0x04,0x08,0x10,0x20,0x40,0x80};//定义数组 HangTab,放置行
扫描码值
ucharcode DigitTab[][8] = {          //定义 2 维数组 DigitTab,放置列扫描码值
```

```
0xcf,0xb7,0xb7,0xb7,0x87,0xb7,0xb7,0xff,        //显示字符"A"
0x8f,0xb7,0xb7,0x8f,0xb7,0xb7,0x8f,0xff,        //显示字符"B"
0xcf,0xb7,0xbf,0xbf,0xbf,0xb7,0xcf,0xff,        //显示字符"C"
0x8f,0xb7,0xb7,0xb7,0xb7,0xb7,0x8f,0xff,        //显示字符"D"
0x87,0xbf,0xbf,0x8f,0xbf,0xbf,0xbf,0xff,        //显示字符"E"
0x87,0xbf,0xbf,0x8f,0xbf,0xbf,0x87,0xff,        //显示字符"F"
0xcf,0xb7,0xbf,0xa7,0xb7,0xb7,0xcf,0xff,        //显示字符"G"
0xb7,0xb7,0xb7,0x87,0xb7,0xb7,0xb7,0xff,        //显示字符"H"
0x8f,0xdf,0xdf,0xdf,0xdf,0xdf,0x8f,0xff,        //显示字符"I"
0xf7,0xf7,0xf7,0xf7,0xb7,0xb7,0xcf,0xff,        //显示字符"J"
0xb7,0xb7,0xaf,0x9f,0xaf,0xb7,0xb7,0xff,        //显示字符"K"
0xbf,0xbf,0xbf,0xbf,0xbf,0xbf,0x87,0xff,        //显示字符"L"
0xb7,0x87,0x87,0xb7,0xb7,0xb7,0xb7,0xff,        //显示字符"M"
0xb7,0x97,0x97,0xa7,0xa7,0xb7,0xb7,0xff,        //显示字符"N"
0x87,0xb7,0xb7,0xb7,0xb7,0xb7,0x87,0xff,        //显示字符"O"
0x8f,0xb7,0xb7,0x8f,0xbf,0xbf,0xbf,0xff,        //显示字符"P"
0xcf,0xb7,0xb7,0xb7,0x97,0xa7,0xc7,0xff,        //显示字符"Q
0x8f,0xb7,0xb7,0x8f,0x9f,0xaf,0xb7,0xff,        //显示字符"R"
0xcf,0xb7,0xbf,0xcf,0xf7,0xb7,0xcf,0xff,        //显示字符"S"
0x87,0xdf,0xdf,0xdf,0xdf,0xdf,0xdf,0xff,        //显示字符"T"
0xb7,0xb7,0xb7,0xb7,0xb7,0xb7,0xcf,0xff,        //显示字符"U"
0xb7,0xb7,0xb7,0xb7,0xcf,0xcf,0xcf,0xff,        //显示字符"V"
0xb7,0xb7,0xb7,0xb7,0x87,0x87,0xb7,0xff,        //显示字符"W"
0xb7,0xb7,0xcf,0xcf,0xcf,0xb7,0xb7,0xff,        //显示字符"X"
0x77,0x77,0xaf,0xdf,0xdf,0xdf,0xdf,0xff,        //显示字符"Y"
0x87,0xf7,0xef,0xcf,0xdf,0xbf,0x87,0xff,        //显示字符"Z"
0xff,0xff,0xff,0xff,0xff,0xff,0xff,0xff         //防止乱码
};
int main()                                       //主函数
{ uchar i,j,k;                                   //定义局部变量i,j,k
  while(1)                                        //无限循环
  {for(i=0;i<208;i++)                             //for循环,变量i用于访问二维数组元素
   {for(j=0;j<10;j++)                             //for循环,字符刷新频率
    {for(k=0;k<8;k++)                             //for循环,行扫描
     {ROW=HangTab[k];                             //行扫描
      COL=DigitTab[(i+k)/8][(i+k)%8];             //列赋值
      delay(3);} } } }                            //延时3 ms
      return 0;}
void delay(uint t)                               //延时t×1 ms,针对12 MHz
{     uchar i;
      while(--t)
      {for(i=124;i>0;i--);}}
```

改进程序中数组"DigitTab[ ][8]"是二维数组共27行、8列，总共216个元素。主函数中包含3个for语句，第1个for语句实现下一个字符显示控制，第2个for语句实现字符显示的刷新频率。单个字符只显示一次就显示下一个字符时，会出现乱码，因此需要扫描同一个字符多次（即字符的刷新频率）。第3个for语句实现一个字符的一次显示。

3. 下载程序、连接电路和观察实验结果

编译源程序，生成HEX文档，下载到STC单片机中。用8根导线将单片机的P2端口连接74HC245的输入端，74HC245的输出端与点阵的行端口连接。用8根导线将单片机的P0端口连接74HC245的输入端，74HC245的输出端通过电阻与点阵的列端口连接，并将电路中有所需要接电源和地的端口用导线与单片机对应端口连接。图3-30、图3-31、图3-32和图3-33为部分实验结果。

图3-30　点阵显示字符"H"

图3-31　点阵显示字符"J"

图 3-32　点阵显示字符"N"

图 3-33　点阵显示字符"P"

项目小结

通过项目 3 的学习和动手实践，使我们对常见的单片机显示器（数码管、点阵）有一定的了解。首先应掌握数码管、点阵的内部结构以及静态显示和动态显示原理。其次应掌握单片机控制数码管、点阵显示接口设计方法。最后应结合显示器工作原理及实际电路来编写程序。重点还是对单片机控制显示器工作原理的理解，通过动手焊接电路和编程逐步加深理解。

习题与制作

一、填空题

1. LED 数码管显示按显示过程分为_____显示和_____显示。

2. 数码管分为_____和_____两种结构。若字形码最低位对应 a 段，最高位对应 dp 段，要显示数字"2"，这两种结构对应的字形码分别为_____和_____。

3. 在数码管的动态显示方式中，_____端输出字形码，_____端选择数码管。

4. 共阳极数码管公共端为_____电平；段选端为_____电平时亮，为_____电平时灭。

5. 数码管_____显示方式，每个数码管要占用一个端口；_____显示方式采用动态扫描方式显示。

6. 8×8 点阵共由 64 个发光二极管组成，每个发光二极管放置在_____和_____的交叉点上。

7. 8×8 点阵扫描方式有_____扫描和_____扫描。

二、选择题

1. 在单片机应用系统中，LED 数码管显示电路通常有（　　）显示方式。

　　A　静态　　　　　B　动态　　　　　C　静态和动态　　　　D　查询

2. 共阳极 LED 数码管显示字符"6"的字形码是（　　）。

　　A　0x06　　　　B　0x7D　　　　　C　0x82　　　　　　D　0Xfa

3. 多位数码管显示时，（　　）负责输出字形码，控制数码管的显示内容。

　　A　显示端　　　　B　公共端　　　　C　位选端　　　　　D　段选端

4. 74HC245 芯片是（　　）。

　　A　驱动器　　　　B　译码器　　　　C　锁存器　　　　　D　编码器

5. 存储 8×8 点阵的一个汉字的信息，需要的字节数为（　　）。

　　A　8　　　　　　B　16　　　　　　C　32　　　　　　　D　64

6. LED 数码管若采用动态下显示方式，下列说法错误的是（　　）。

　　A　将各位数码管的段选线并联

　　B　将段选线用一个 8 位 I/O 端口控制

　　C　将各位数码管的公共端直接连接在+5 V 或者 GND 上

　　D　将各位数码管的位选线用各自独立的 I/O 端口控制

　　E　在共阳极数码管中使用

7. 若要仅显示小数点，则其相应的字段码是（　　）。

　　A　80H　　　　　B　10H　　　　　C　40H　　　　　　D　7FH

8. 共阴极数码管是将所有发光二极管的（　　）连接在一起，数码管的动态显示是利用发光二极管的（　　），让人感觉数码管是同时点亮。

　　A　阴极，发光效应　　　　　　　　B　阳极，发光效应

　　C　阴极，余晖效应　　　　　　　　D　阳极，余晖效应

三、简答题

1. 什么是 LED 数码管静态扫描和动态扫描？简述 LED 数码管动态扫描的原理及实现方式。

2. 8×8 点阵编程通常采用行扫描和列扫描，简述其原理。

四、制作题

采用 4 块 8×8 点阵 LED 显示模块设计一个 16×16 点阵显示模块，并编程实现点阵循环显示字符"单片机"。

项目4 单片机控制键盘的设计与制作

【知识目标】

1. 了解按键消抖原理及消抖方法
2. 了解矩阵按键结构，掌握行列扫描法读取按键值方法
3. 掌握单片机中断概念、中断处理机制及中断编程方法

【能力目标】

1. 掌握矩阵按键外围电路的设计、焊接及调试方法
2. 掌握外部中断电路设计、焊接及调试方法

任务4.1 独立按键控制 LED 灯闪烁

4.1.1 独立按键及按键消抖方法

1. 独立按键与矩阵按键

键盘是实现人机交互的重要计算机输入设备，其中按键按照结构原理可分为两类，一类是触点式开关按键，如机械式开关、导电橡胶式开关等；另一类是无触点式开关按键，如电气式按键，磁感应按键等。按键按照接口原理可分为编码键盘和非编码键盘，编码键盘是用硬件来实现对按键的识别，非编码键盘由软件来实现按键的识别。非编码键盘按连接方式可分为独立按键和矩阵按键。

独立按键特点是每个按键占用一条 I/O 线，当按键数量较多时，I/O 端口利用率不高，但程序简单，适合所需按键较少的场合。矩阵按键特点是电路连接复杂，软件编程较复杂，但 I/O 端口利用率高，适合需要大量按键的场合。图 4-1 为常见独立按键和矩阵按键接口电路。

图 4-1a 中的独立按键电路中 4 个按键（常开触点开关）S1，S2，S3，S4 分别与单片机的 4 个 I/O 端口连接。当按键没有被按下时，4 个 I/O 端口的电压为高电平；当按键被按下时，电源与电阻、按键构成闭合回路，4 个 I/O 端口的电压拉为低电平。4 个电阻为外部上拉电路，它们的作用是拉升外部端口的电压，如果单片机的 I/O 端口有内部上拉电阻的话，此处可以忽略，但编程时需注意读 I/O 端口时，应先给端口赋高电平，避免误读端口。

2. 按键消抖

通常的按键所用的开关为机械弹性开关，当机械触点断开、闭合时，由于机械触点的弹性作用，一个按键开关在闭合时不会马上稳定地接通，在断开时也不会一下子断开。如图 4-2 所示。

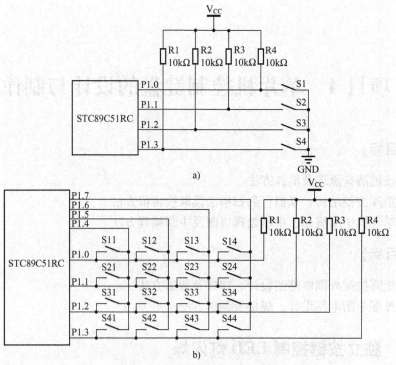

图 4-1 独立按键接口电路与矩阵按键接口电路

a) 独立按键接口电路 b) 矩阵按键接口电路

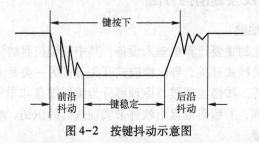

图 4-2 按键抖动示意图

按键在闭合及断开的瞬间均伴随有一连串的抖动,按键抖动时间一般为 5~10 ms,为了不产生这种现象而作的措施就是按键消抖。按键消抖方式有硬件消抖和软件消抖。硬件消抖在按键数目较少时使用,常用硬件消抖电路有稳态和滤波电路,如图 4-3 所示。

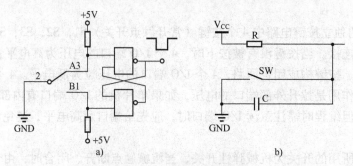

图 4-3 硬件消抖电路图

a) 稳态电路 b) 滤波电路

如果按键较多，常用软件方法消抖。其方法是检测按键是否被按下，如按键被按下，执行一个 5~10 ms 延时，前沿抖动消失后再一次检测按键状态，如果仍保持按下，则确认为有按键真正按下。当检测到按键释放后，也执行一个 5~10 ms 的延时，待后沿抖动消失后转入该按键的处理程序。这种按键消抖方式占用 CPU 资源，采用定时器中断按件消抖效果要好些。

4.1.2 独立按键接口电路设计

独立按键是每个按键占用一条 I/O 线，图 4-4 所示为 8 个按键与单片机相连的电路，连接方式有两种。图 4-4a 是 8 个独立按键通过上拉电阻连接单片机 I/O 端口，并且按键连接一个与门，与门与单片机一个外部中断接口连接，其编程采用中断法。图 4-4b 是 8 个独立按键通过上拉电阻连接单片机 I/O 端口，其编程采用查询法。

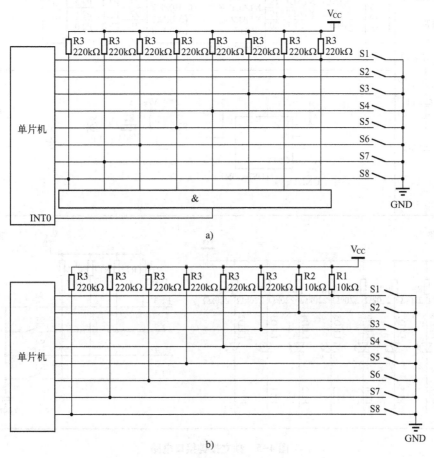

图 4-4　独立按键接口电路示意图

a）中断法编程　b）查询法编程

独立按键接口电路有两种，任务 4.1 采用查询法的连接方式，如图 4-4b 所示。而中断法将在任务 4.3 介绍。根据任务要求，独立按键接口电路设计如图 4-5 所示。

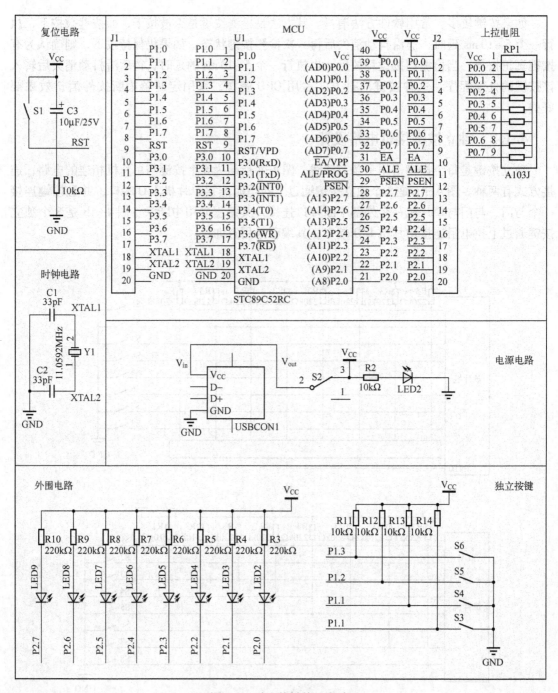

图 4-5 独立按键接口电路

4.1.3 独立按键接口电路的焊接

1. 准备元器件及工具

本任务需要焊接独立按键接口电路，所需的元器件及工具详见表 4-1。

表 4-1 独立按键接口电路所需元器件

序　号	电路组成	元件名称	规格或参数	数　量
1	最小系统	电阻	10 kΩ	2 个
2		排阻	10 kΩ	1 个
3		电解电容	10 μF	1 个
4		瓷片电容	30 pF	2 个
5		晶振	12 MHz	1 个
6		万用板	5 cm×7 cm	1 块
7		DIP40 锁紧座	40PIC	1 个
8		常开轻触开关	6×6×5 微动开关	1 个
9		发光二极管	3 mm 红色	1 个
10		自锁开关	8×8	1 个
11		USB 插座	A 母	1 个
12		排针	40 针	1 个
13		晶振底座	3 针圆孔插座	1 个
14	焊接工具	焊烙铁	50 W 外热式	1 把
15		焊锡丝	0.8 mm	若干
16		斜口钳	5 寸	1 把
17		镊子	ST-16	1 个
18		吸锡器		1 把
19	外围电路	发光二极管	3 mm、黄色	8 个
20		常开轻触开关	6×6×5 微动开关	4 个
21		限流电阻	220 Ω	8 个
22		上拉电阻	10 kΩ	4 个
23		排针	40 针	1 条
24		万用板	5 cm×7 cm	1 个

2. 检测元器件

独立按键接口电路中需要检测的元器件是常开轻触开关。轻触开关有 4 个引脚，其中有两对两个引脚常通，内部结构和外部引脚如图 4-6 所示。

独立按键只需两个引脚连入电路中，根据图 4-6 可知，连入电路时按键引脚组合为①③、①④、②④、②③，不能将按键引脚①②或③④连入电路，这样独立按键就成了常闭开关。使用数字万用表检测独立按键的引脚，将万用表旋钮拨至蜂鸣档位，红黑表笔依次接触独立按键的两个引脚，如果蜂鸣器响，则说明该两引脚是导通的，检测如图 4-7 所示。

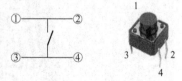

图 4-6　轻触开关内部结构和外部引脚图

3. 焊接电路

根据图 4-5 可知，独立按键接口电路需要焊接 LED 灯电路和独立按键电路，LED 灯电路在任务 2.3 已完成，这里只需要焊接独立按键接口电路。图 4-8 是 LED 灯电路的正面，图 4-9 是 LED 灯电路的反面，图 4-10 是独立按键接口电路的正面，图 4-11 是独立按键接口电路的反面。

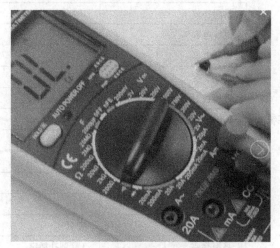

图 4-7　万用表检测独立轻触开关

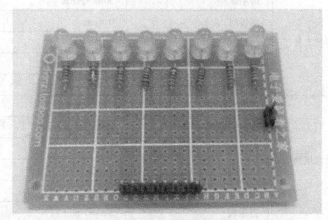

图 4-8　LED 灯电路的正面

图 4-9　LED 灯电路的反面

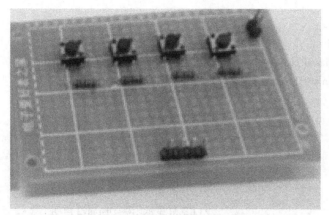

图 4-10　独立按键接口电路的正面

图 4-11　独立按键接口电路的反面

4.1.4　编程实现 4 个独立按键控制 LED 闪烁

1. 编程任务

编写程序实现 4 个独立按键控制 8 个 LED 灯不同闪烁。按下按键 Key1，8 个 LED 同时亮同时灭，闪烁间隔时间 0.5 s；按下按键 Key2，8 个 LED 间隔 1 个 LED 灯同时亮、同时灭，闪烁间隔时间 0.5 s；按下按键 Key3，8 个 LED 灯从左向右依次单个亮，其他 7 个 LED处于灭的状态，闪烁间隔时间 0.5 s；按下按键 Key4，8 个 LED 灯依次从左向右亮，LED 灯不亮的个数递减，闪烁间隔时间 0.5 s。

2. 编程思路

单片机读取外部引脚状态时，需要先向端口写 "1"，单片机复位后，不需要进行此操作也可以进行读取外部引脚的操作。如果单片机 I/O 内部有上拉电阻，则外部可省略上拉电阻。当按键没有被按下时，单片机 I/O 端口通过上拉电阻接到 V_{cc}，程序读取 I/O 端口的电平为高电平；当按键被按下时，单片机 I/O 端口被短接到 GND，程序首先判断 I/O 端口电平是否为低电平，如果检测是低电平，软件延时 10 ms 后，再次判断 I/O 端口电平是否为低电平，如果仍然是低电平，则确定按键被按下，这一过程称为按键软件消抖。确定按键被按下后，执行显示子程序，执行完毕后等待按键松开。根据编程任务，程序如下：

```
#include<reg52. h>                //头文件
#include<intrins. h>              //头文件,后面调用_cror_使用
#define uchar unsigned char       //定义 unsigned char 为 uchar
#define uint unsigned int         //定义 unsigned int 为 uint
#define LED P2                     //定义 P2 端口为 LED
sbit Key1 = P1^0;                  //位定义 P1^0 为 Key1
sbit Key2 = P1^1;                  //位定义 P1^1 为 Key2
sbit Key3 = P1^2;                  //位定义 P1^2 为 Key3
sbit Key4 = P1^3;                  //位定义 P1^3 为 Key4
void Display1( );                  //LED 灯显示函数 Display1 声明
void Display2( );                  //LED 灯显示函数 Display2 声明
void Display3( );                  //LED 灯显示函数 Display3 声明
void Display4( );                  //LED 灯显示函数 Display4 声明
void delay(uint t);                //延时子函数声明
void main(void)                    //主函数
    { P1 = 0xff;                   //读端口时,先给端口赋"1"
     P2 = 0xff;                    //8 个 LED 全灭
     while(1)                      //无限循环
        { if( Key1 = = 0)          //查询法判断按键 Key1 是否被按下
         delay(10);                //延时消抖
         if( Key1 = = 0)           //再次判断按键是否被按下
         { Display1( ); }          //确定按键 Key1 被按下,8 个 LED 灯按样式 1 闪烁
         while( Key1 = = 0);       //判断按键 Key1 是否松开

         if( Key2 = = 0)           //查询法判断按键 Key2 是否被按下
         delay(10);                //延时消抖
         if( Key2 = = 0)           //再次判断按键是否被按下
         { Display2( ); }          //确定按键 Key2 被按下,8 个 LED 灯按样式 2 闪烁
         while( Key2 = = 0);       //判断按键 Key2 是否松开

         if( Key3 = = 0)           //查询法判断按键 Key3 是否被按下
         delay(10);                //延时消抖
         if( Key3 = = 0)           //再次判断按键是否被按下
         { Display3( ); }          //确定按键 Key3 被按下,8 个 LED 灯按样式 3 闪烁
         while( Key3 = = 0);       //判断按键 Key3 是否被松开

         if( Key4 = = 0)           //查询法判断按键 Key4 是否被按下
         delay(10);                //延时消抖
         if( Key4 = = 0)           //再次判断按键是否被按下
         { Display4( ); }          //确定按键 Key4 被按下,8 个 LED 灯按样式 4 闪烁
         while( Key4 = = 0);       //判断按键 Key4 是否被松开
        }
    }
```

```
void Display1( )                  //8 个 LED 灯样式 1，同亮同灭
   {LED = 0x00;
    delay(500);
    LED = 0xff;
    delay(500);}
void Display2( )                  //8 个 LED 灯样式 2，奇偶分别亮
   {LED = 0x55;
    delay(500);
    LED = 0xaa;
    delay(500);}
void Display3( )                  //8 个 LED 灯样式 3，从左向右单个亮
   {  uchar i,temp;
      temp = 0x7f;
      LED = temp;
      for(i = 0;i<8;i++)
      {temp = _cror_(temp,1);
      LED = temp;
      delay(500);}
   }
void Display4( )                  //8 个 LDE 灯样式 4，从左向右依次亮
   {  uchar i,temp;
      temp = 0x7f;
      LED = temp;
      for(i = 0;i<8;i++)
      {temp = temp>>1;
      LED = temp;
      delay(500);}
   }
void delay(uint t )               //延时 t×1 ms，针对 12 MHz
{     uchar i;
      while(--t)
      {for(i = 124;i>0;i--);}
}
```

3. 下载程序、连接电路和观察实验结果

编译源程序，生成 HEX 文档，下载到 STC 单片机中。用 8 根导线将单片机的 P2 端口连接 8 个 LED 灯。用 4 根导线将单片机的 P1 端口连接按键电路接口。图 4-12、图 4-13、图 4-14 和图 4-15 为每按一个按键，对应的 8 个 LED 灯闪烁相应效果。

任务 4.1 的独立按键采用查询方式进行电路连接和编程，观察实验效果时会发现，当 4 个按键中的某一个被按键按下时，8 个 LED 灯进行相应闪烁，此期间按下其他按键，当前 LED 灯的闪烁方式不中断，程序必须等待该闪烁效果结束后，才能响应其他按键。

图 4-12　按键 Key1 被按下后 8 个 LED 灯同亮同灭

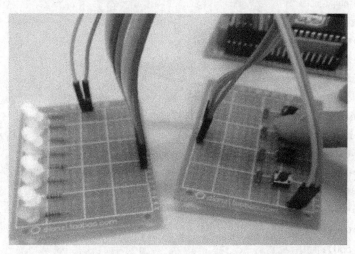

图 4-13　按键 Key2 被按下后 8 个 LED 灯奇、偶数灯分别亮

图 4-14　按键 Key3 被按下后 8 个 LED 灯从左向右单个亮

图 4-15 按键 Key4 被按下后 8 个 LED 灯从左向右依次亮

任务 4.2 矩阵 4×4 键盘控制数码管显示字符

4.2.1 矩阵 4×4 键盘相关知识

单片机应用中需要多个按键时，如果做成独立按键会占用大量的 I/O 端口，因此引入矩阵键盘。

1. 4×4 矩阵键盘结构

4×4 矩阵键盘由 4 根行线和 4 根列线交叉构成，按键位于行列的交叉点上，这样便构成 16 个按键，当按键被按下时，此交叉点的行线和列线导通，常见 4×4 矩阵键盘的结构如图 4-16 所示。

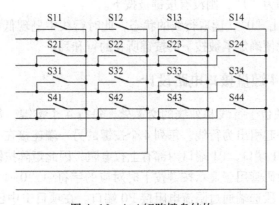

图 4-16 4×4 矩阵键盘结构

4×4 矩阵键盘总共 16 个按键，如何确定是哪个按键被按下，程序实现方法通常有逐行扫描法和线反转法两种。

2. 逐行扫描法

逐行扫描法的基本思想是首先确定矩阵按键是否有按键被按下，其次再确定哪一行哪一列的按键按下，其步骤如下：

1）如图 4-16 所示，将矩阵行线全部输出"0"，此时读列线的状态，如果列线全为"1"，则表示此时没有任何按键被按下；如果列线不全为"1"，表示有按键被按下。当判断按键被按下之后，程序延时 10 ms 左右，再次判断键盘的状态，即判断列线输入值是否全为"1"，不全为"1"则表示确实有按键被按下，否则产生按键抖动。

2）对矩阵键盘进行逐行扫描，扫描矩阵按键第一行，即只给第一行输出"0"，其他行输出"1"，读取按键输入值，如果第一行没有按键被按下，则按键的列线读入值全为"1"，继续扫描下一行；如果扫描某一行时，按键的列线读入值不全为"1"，则说明该行有按键被按下，根据行线和列线值确定是哪一个按键被按下。

例如：图 4-16 中，将矩阵的行线和列线接于 P1 端口，假设按键 S34 按下，编程时首先 P1 输出 0xf0，再读取 P1 端口的值，判断 P1 端口值是否等于 0xf0；如果等于，则表示无按键被按下，如果不等于，延时 10 ms 后再次判断 P1 端口值是否等于"0xf0"；如果等于，则返回"0"，表示无按键被按下，如果不等于"0xf0"，继续往下执行。接着程序给 P1 赋值"0xfe"，即扫描第 1 行，P1.0 输出"0"，而其他 3 行输出"1"；读取列线的值，如果列线的值全为"1"，表示该行没有按键被按下，如果列线的值不全为"1"，则代表被按下的按键在第 1 行。现假设按键 S34 被按下，扫描第 1行，列线的值全为"1"，继续扫描第 2 行，列线的值仍全为"1"，扫描第 3 行，列线的值不全为"1"，确定按键在第 3 行，加上读取列线值，判断被按下的按键在第几列，并最终确定被按下按键的键值。

3. 线反转法

线反转法用来确定矩阵按键是哪一个按键被按下。其步骤如下：

1）将行线全部输出"0"，读取列的状态，此时列中呈现低电平"0"的为被按下的按键所在的列，如果全部为"1"，则没有按键被按下。

2）将列线全部输出"0"，读取行线的状态，此时行线中呈现低电平"0"的为被按下的按键所在的行，至此便确定了被按下的按键所在的行和列。

4.2.2 矩阵 4×4 键盘接口电路设计

16 个常开微动开关位于行线和列线的交叉处，每行 4 个按键，每列 4 个按键，每行 4 个按键的一端连接在一起引出为行线，每列 4 个按键的另一端连接在一起引出为列线。由于矩阵按键连接单片机 P1 端口，P1 端口内部有上拉电阻，因此矩阵按键的行线和列线不需要接上拉电阻和电源。数码管用于显示按键按下时对应的字符中"0~F"，数码管为共阳极数码管，公共端接电源，段选端通过限流电阻接 P0 端口。在项目 1 中已经焊接了单片机最小系统此处就不用再焊，所以直接将外围电路与单片机最小系统连接即可，矩阵 4×4 键盘的接口电路如图 4-17 所示。

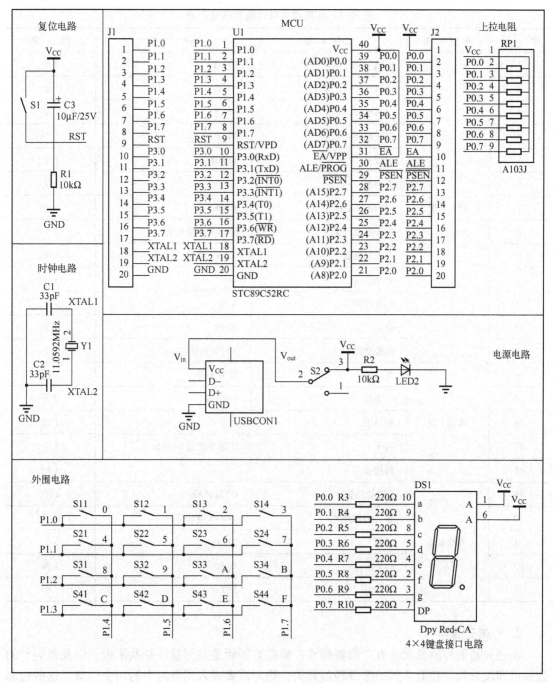

图 4-17　矩阵 4×4 键盘接口电路

4.2.3　矩阵 4×4 键盘接口电路焊接

1. 准备元器件及工具

本任务需要焊接矩阵键盘接口电路，表 4-2 所示为任务 4.2 所需的元器件及工具详见表 4-2。

表 4-2 矩阵键盘接口电路所需器材

序 号	电路组成	元件名称	规格或参数	数 量
1	最小系统	电阻	10 kΩ	2 个
2		排阻	10 kΩ	1 个
3		电解电容	10 μF	1 个
4		瓷片电容	30 pF	2 个
5		晶振	12 MHz	1 个
6		万用板	5 cm×7 cm	1 块
7		DIP40 锁紧座	40PIC	1 个
8		常开轻触开关	6×6×5 微动开关	1 个
9		发光二极管	3 mm、红色	1 个
10		自锁开关	8×8	1 个
11		USB 插座	A 母	1 个
12		排针	40 针	1 个
13		晶振底座	3 针圆孔插座	1 个
14	焊接工具	焊烙铁	50 W 外热	1 把
15		焊锡丝	0.8 mm	若干
16		斜口钳	5 寸	1 把
17		镊子	尖咀特强型 ST-16	1 个
18		吸锡器		1 把
19	外围电路	8 段数码管	GY5101AB	1 个
20		常开轻触开关	6×6×5 微动开关	16 个
21		电阻	220 Ω	8 个
23		排针	40 针	1 条
24		万用板	5×7 cm	1 个

2. 检测元器件

本任务需要检测的元件有 7 段数码管，确定数码管是共阳极还是共阴极，以及数码管的公共端和段选端；还有 4 脚的常开轻触开关，确定需要接入到电路中的两个引脚。这些检测方法在前面的任务中已详细介绍了，这里不再介绍。

3. 焊接电路

根据图 4-17 所示的 4×4 矩阵键盘接口电路，在任务 3.1 里已经焊接了 1 位数码管的电路，如图 4-18 和图 4-19 所示。这里只需要焊接 4×4 矩阵键盘接口电路，焊接完的电路如图 4-20 和 4-21 所示。

图 4-18　1 位数码管显示电路的正面

图 4-19　1 位数码管显示电路的反面

图 4-20　4×4 矩阵键盘接口电路的正面

图 4-21　4×4 矩阵键盘接口电路的反面

4.2.4　编程实现矩阵 4×4 键盘控制数码管以显示字符"0"~"F"

1. 编程任务

编程实现 16 个按键分别控制数码管以显示字符"0"~"F"，每个按键代表的字符如图 4-17 所示。

2. 编程思路

矩阵按键编程的关键在于确定是哪个按键被按下，例如 S34 键被按下，则数码管显示字符"B"。确定按键被按下的方法有逐行扫描法和线反转法。

1）逐行扫描法程序如下：

```
#include<reg52. h>                    //头文件
#define uchar unsigned char           //定义 unsigned char 为 uchar
#define uint   unsigned int           //定义 unsigned int 为 uint
uchar keyval;                         //定义无符号字符型全局变量 keyval
void delay(uint t);                   //延时函数声明
void CheckKey(void);                  //矩阵按键检测函数声明
uchar code LED8Code[ ] = {0xc0,0xf9,0xa4,0xb0,0x99,0x92,0x82,0xf8,
0x80,0x90,0x88,0x83,0xc6,0xa1,0x86,0x8e,0xff};   //定义数组 LED8Code,存放共阳极数码管"0"~"F"
的字形码值
void main( )                          //主函数
{P1=0xff;                             //读端口时先给端口赋"1"
  while(1)                            //无限循环
  {CheckKey( );                       //调用矩阵按键检测函数
   P0=LED8Code[keyval];               //数码管显示相应键值对应字符
   delay(10); }                       //延时 10 ms
}
void CheckKey(    )                   //矩阵按键检测函数
{uchar temp,key;                      //定义局部变量 temp 和 key
```

```
P1 = 0xf0;                              //矩阵按键行赋"0"，列赋"1"
if(P1! = 0xf0)                          //判断矩阵按键是否被按下
{delay(10);                             //延时10 ms，软件消抖
 if(P1! = 0xf0)                         //再次确定有按键被按下
 {temp = 0xfe;                          //扫描第1行
  P1 = temp;                            //扫描第1行赋"0"，其他行列赋"1"
  if(P1&0xf0! = 0xf0)                   //读取矩阵按键判断是否有按键被按下
  { key = P1&0xf0;                      //读取矩阵按键列值
    switch (key)                        //根据key确定哪一列
    { case(0xe0):keyval = 0;break;      //确定是第1行第1列按键被按下时的键值为"0"
      case(0xd0):keyval = 1;break;      //确定是第1行第2列按键被按下时的键值为"1"
      case(0xb0):keyval = 2;break;      //确定是第1行第3列按键被按下时的键值为"2"
      case(0x70):keyval = 3;break;}     //确定是第1行第4列按键被按下时的键值为"3"
  }
  temp = 0xfd;                          //扫描第2行
  P1 = temp;                            //扫描第2行并赋"0"，其他行和列赋"1"
  if(P1&0xf0! = 0xf0)                   //读取矩阵按键判断是否有按键被按下
  { key = P1&0xf0;                      //读取矩阵按键列值
    switch (key)                        //根据key确定哪一列
    { case(0xe0):keyval = 4;break;      //确定是第2行第1列按键被按下时的键值为"4"
      case(0xd0):keyval = 5;break;      //确定是第2行第2列按键被按下时的键值为"5"
      case(0xb0):keyval = 6;break;      //确定是第2行第3列按键被按下时的键值为"6"
      case(0x70):keyval = 7;break;}     //确定是第2行第4列按键被按下时的键值为"7"
  }
  temp = 0xfb;                          //扫描第3行
  P1 = temp;                            //扫描第3行并赋"0"，其他行和列赋"1"
  if(P1&0xf0! = 0xf0)                   //读取矩阵按键判断是否有按键被按下
  { key = P1&0xf0;                      //读取矩阵按键列值
    switch (key)                        //根据key确定哪一列
    { case(0xe0):keyval = 8;break;      //确定是第3行第1列按键被按下时的键值为"8"
      case(0xd0):keyval = 9;break;      //确定是第3行第2列按键被按下时的键值为"9"
      case(0xb0):keyval = 10;break;     //确定是第3行第3列按键被按下时的键值为"10"
      case(0x70):keyval = 11;break;     //确定是第3行第4列按键被按下时的键值为"11"
    }
  }
  temp = 0xf7;                          //扫描第4行
  P1 = temp;                            //扫描第4行并赋"0"，其他行和列赋"1"
  if(P1&0xf0! = 0xf0)                   //读取矩阵按键判断是否有按键被按下
  { key = P1&0xf0;                      //读取矩阵按键列值
    switch (key)                        //根据key确定哪一列
    { case(0xe0):keyval = 12;break;     //确定是第4行第1列按键被按下时的键值为"12"
      case(0xd0):keyval = 13;break;     //确定是第4行第2列按键被按下时的键值为"13"
```

```
                case(0xb0):keyval=14;break;        //确定是第 4 行第 3 列按键被按下时的键值为"14"
                case(0x70):keyval=15;break;        //确定是第 4 行第 4 列按键被按下时的键值为"15"
            }
        }
        }
                else keyval=16;                    //否则键值为"16"
    }
    }
    void delay(uint t)                             //延时 t×1 ms，针对 12 MHz
    {   uchar i;
        while(--t)
        {for(i=124;i>0;i--);}
    }
```

上述程序由主函数、矩阵按键检测子函数、延时子函数 3 部分组成。主函数简单，只有 5 行语句，其中两行是调用矩阵按键检测子函数和数码管显示相应键值时对应的字符语句。重点是理解矩阵按键检测子函数，编程思路是首先行赋"0"，列赋"1"，读取端口判断按键是否被按下；其次逐行赋"0"，其他行列赋"1"，读取端口判断按键是哪一行哪一列被按下，从而确定键值"keyval"。在主程序中语句"P0=LED8Code[keyval]"中键值 keyval 对应数组元素的序号，也就是按键 S34 对应的键值"keyval=11"，刚好数组"LED8Code[]"中序号 11 对应为"B"。

2）线反转法程序如下：

```
#include<reg52.h>                                //头文件
#define uchar unsigned char                     //定义 unsigned char 为 uchar
#define uint  unsigned int                      //定义 unsigned int 为 uint
#define KEY P1                                   //定义 P1 端口为 KEY
uchar keyval;                                    //定义无符号字符型全局变量 keyval
void delay(uint t);                             //延时函数声明
void CheckKey(void);                            //矩阵按键检测函数声明
uchar code LED8Code[] = {0xc0,0xf9,0xa4,0xb0,0x99,0x92,0x82,0xf8,0x80,0x90,
0x88,0x83,0xc6,0xa1,0x86,0x8e,0xff};            //定义数组 LED8Code，存放共阳极数码
管"0"~"F"的字形码值
void main()                                     //主函数
    {P1=0xff;                                    //读端口时先给端口赋"1"
    while(1)                                     //无限循环
        {CheckKey();                             //调用矩阵按键检测函数
        P0=LED8Code[keyval];                     //数码管显示相应键值对应字符
        delay(10);}}                             //延时 10 ms
void CheckKey(void)                             //矩阵按键检测函数
        {char a=0;                               //定义局部字符变量 a
        KEY=0xf0;                                //矩阵按键行赋"0"，列赋"1"
        if(KEY!=0xf0)                            //判断矩阵按键是否被按下
```

```
        {delay(10);                                      //延时10ms，软件消抖
         if(KEY!=0xf0)                                   //再次确定是否有按键被按下
          {KEY=0xf0;                                     //扫描行，按键行赋"0"，列赋"1"
           switch(KEY)                                   //读取按键端口
            {case(0xe0):keyval=0;break;                  //确定第1列有按键被按下
             case(0xd0):keyval=1;break;                  //确定第2列有按键被按下
             case(0xb0):keyval=2;break;                  //确定第3列有按键被按下
             case(0x70):keyval=3;break;}                 //确定第4列有按键被按下
             KEY=0x0f;                                   //扫描列
           switch(KEY)                                   //读取按键端口
            {case(0x0e):keyval=keyval;break;             //确定第1行有按键被按下
             case(0x0d):keyval=keyval+4;break;           //确定第2行有按键被按下
             case(0x0b):keyval=keyval+8;break;           //确定第3行有按键被按下
             case(0x07):keyval=keyval+12;break;}         //确定第4行有按键被按下
             while((a<50)&&(KEY!=0xf0))                  //按键松手后检测
             {a++;}  }  }  }

    void delay(uint t)                                   //延时t×1ms，针对12MHz
{    uchar i;
     while(--t)
     {for(i=124;i>0;i--);}
     }
```

从上述两个程序可以看出，线反转法程序更简单易懂，分别进行扫描和列扫描就能确定键值。在主函数调用按键检测子函数，子函数中确定按键被按下时所对应的键值，键值与数码管所显示的字符在数组中元素对应序号一致。例如按键 S11 被按下，按键检测子函数计算后得出按键键值为"0"，数组"LED8Code[ ]"对应的第"0"号元素就是 0xc0，0xc0 在数码管上显示的字符"0"。

3. 下载程序、连接电路和观察实验结果

编译源程序，生成 HEX 文档，将其下载到 STC 单片机中。用 8 根导线将单片机的 P1 端口连接矩阵按键接口电路。用 8 根导线将单片机的 P0 端口连接数码管显示接口电路。图 4-22、图 4-23、图 4-24 和图 4-25 为矩阵按键被按下时相应数码管显示相应字符。

图 4-22　矩阵按键被按下时数码管显示字符"0"

图 4-23　矩阵按键被按下时数码管显示字符"7"

图 4-24　矩阵按键按下时数码管显示字符"C"

图 4-25　矩阵按键按下时数码管显示字符"F"

任务 4.3　中断方式的按键控制加减计数

4.3.1　中断相关知识

1. 中断概念

CPU 正在执行主程序，此时外部中断源产生中断请求，并发送给中断系统，中断系统响应中断请求，并在断点处中断主程序的执行而执行中断服务程序。当中断服务结束后，中断系统返回主程序的断点处，继续执行主程序，这个过程称为中断。

2. 中断类型

C51 系列单片机有 5 个中断源，其中两个外部中断源 INT0 和 INT1，两个定时中断源 T0 和 T1，和 1 个串行中断源。外部中断源即由外部硬件电路产生的中断；定时中断源是由定时/计数器的溢出信号作为中断请求；串行中断源是由串行通信数据发送或接收完毕后产生串行中断请求。

3. 中断相关寄存器

与中断相关的特殊功能寄存器有定时/计数器控制寄存器（TCON）、串行控制寄存器（SCON）、中断允许控制寄存器（IE）、中断优先级寄存器（IP），下面介绍与外部中断有关的寄存器 TCON 和 IE。

定时/计数器控制寄存器（TCON）的位定义格式见表 4-3，其中每一位都是可以进行位寻址的。高 4 位与定时/计数器有关，低 4 位与外部中断有关。

表 4-3　TCON 位定义格式

位　地　址	8F	8E	8D	8C	8B	8A	89	88
位符号	TF1	TR1	TF2	TR2	IE1	IT1	IE0	IT0

- IT0：外部中断触发方式控制位。如果是外部中断 0 的中断触发方式控制位，当置 IT0 =0 时，为低电平触发；当置 IT0=1 时，为下降沿触发。
- IE0：外部中断 0 请求标志位。当外部中断请求信号有效时，硬件将置 IE0=1 请求中断。CPU 响应中断请求后，转向对应的中断服务程序，并自动置 IE0=0。
- IT1：外部中断触发方式控制位。如果是外部中断 1 的中断触发方式控制位。当置 IT1 =0 时，为低电平触发；当置 IT1=1 时，为下降沿触发。
- IE1：外部中断 1 请求标志位。当外部中断请求信号有效时，硬件将置 IE1=1 请求中断。CPU 响应中断请求后，转向对应的中断服务程序，并自动置 IE1=0。

中断允许控制寄存器（IE）位定义格式见表 4-4，其中每一位都是可以进行位寻址的。

表 4-4　IE 位定义格式

位　地　址	AF	AE	AD	AC	AB	AA	A9	A8
位符号	EA			ES	ET1	EX1	ET0	EX0

- EA：中断允许或禁止总控制位。当置 EA=1，单片机允许各个中断；置 EA=0，单片机禁止所有中断。
- ES：串行中断允许或禁止控制位。当置 ES=1，允许串行口中断；置 ES=0，禁止串行口中断。
- ET1：定时器 T1 允许或禁止控制位。当置 ET1=1，允许定时器 T1 中断；置 ET1=0，禁止定时器 T1 中断。
- EX1：外部中断 1 允许或禁止控制位。当置 EX1=1，允许外部中断 1；置 EX1=0，禁止外部中断 1。
- ET0：定时器 T0 允许或禁止控制位。当置 ET0=1，允许定时器 T0 中断；置 ET0=0，禁止定时器 T0 中断。
- EX0：外部中断 0 允许或禁止控制位。当置 EX0=1，允许外部中断 0；置 EX0=0，禁止外部中断 0。

TF1、TR1、TF2、TR2 标志位与定时/计数器有关，串行控制寄存器（SCON）、中断优先级寄存器（IP）将在后面的项目中介绍。

4. 中断处理过程

在主程序执行过程中，如果一个中断源产生中断请求，中断系统应该能中止当前程序的执行，并且保护程序当前的各种参数，即保护现场。中断正确响应后，便进入中断服务程序，执行相应的处理过程。中断执行完毕后，中断系统负责返回到主程序的断点处，并恢复现场，继续执行断点以下的主程序。

5. 中断服务子程序编写方法

中断服务子程序格式：

```
void 函数名( )interrupt 中断号 using 工作组
         {中断服务程序内容    }
```

注意中断不返回任何值，所以中断函数前类型为 void，中断函数不带任何参数，中断号是指单片机的几个中断源的序号，外部中断 0 的中断号是 0，定时器/计数器 T0 的中断号是 1，外部中断 1 的中断号是 2，定时器/计数器 T1 的中断号是 3，串口中断号是 4。工作组是指这个中断使用单片机内存中 4 个工作寄存器的哪一组。

4.3.2　中断方式的按键控制加减计数接口电路设计

任务 4.3 要求实现外部按键以中断方式控制数码管的加减计数，接口电路设计如图 4-26 所示。两个按键一端接单片机的外部中断口 P3.2 和 P3.3，另一端直接接地；共阳极数码管的段选端接单片机 P2 端口。

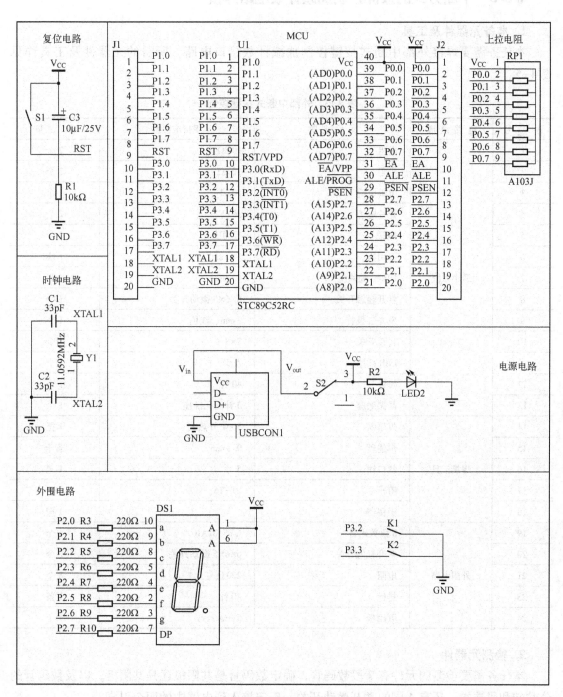

图 4-26　外部中断式按键控制加减计数接口电路

4.3.3 中断方式的按键控制加减计数电路焊接

1. 准备元器件及工具

本任务需要焊接外部中断式按键控制加减计数接口电路，所需的元器件及工具详见表 4-5。

表 4-5 外部中断式按键控制

序 号	电路组成	元 件 名 称	规格或参数	数 量
1	最小系统	电阻	10 kΩ	2 个
2		排阻	10 kΩ	1 个
3		电解电容	10 μF	1 个
4		瓷片电容	30 pF	2 个
5		晶振	12 MHz	1 个
6		万用板	5×7 cm	1 块
7		DIP40 锁紧座	40PIC	1 个
8		常开轻触开关	6×6×5 微动开关	1 个
9		发光二极管	3 mm、红色	1 个
10		自锁开关	8×8	1 个
11		USB 插座	A 母	1 个
12		排针	40 针	1 个
13		晶振底座	3 针圆孔插座	1 个
14	焊接工具	焊烙铁	50 W 外热式	1 把
15		焊锡丝	0.8 mm	若干
16		斜口钳	5 寸	1 把
17		镊子	ST-16	1 个
18		吸锡器		1 把
19	外围电路	8 段数码管	GY5101AB	1 个
20		常开轻触开关	6×6×5 微动开关	2 个
21		电阻	220 Ω	8 个
23		排针	40 针	1 条
24		万用板	5 cm×7 cm	1 个

2. 检测元器件

本任务需要检测的元件有 7 段数码管，确定数码管是共阳极还是共阴极，以及数码管的公共端和段选端；还有 4 脚的常开微动开关，确定接入到电路中的两个引脚。

3. 焊接电路

根据图 4-26，外围接口电路中的数码管显示电路在任务 3.1 中已完成，这里只需要焊接两个按键以构成外部中断接口电路，将按键的一端直接连接单片机的 P3.2 和 P3.3 端口，按键的另一端直接接地。焊接完的电路如图 4-27、4-28、4-29 和 4-30 所示。

图 4-27　1 位数码管显示电路的正面

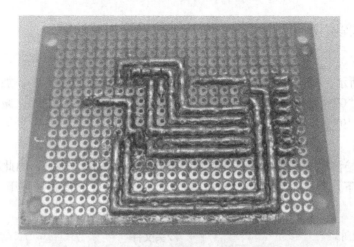

图 4-28　1 位数码管显示电路的反面

图 4-29　外部中断式按键控制接口电路的正面

图 4-30 外部中断式按键控制接口电路的反面

4.3.4 编程实现用两个按键中断控制数码管加减计数

1. 编程任务

如图 4-26 所示，按键 K1 被按下一次，数码管显示的数字加"1"，加到"9"后再按按键 K1 以显示"0"；按键 K2 被按下一次，数码管显示的数字减"1"，减到"0"后再按按键 K2 以显示"9"。

2. 编程思路

单片机只要检测到按键被按下，就将数码管要显示的段选码送出，因此程序关键是检测到两个按键被按下。首先采用前面检测按键的方法，查询按键是否被按下，其相应源程序如下：

```
#include<reg52. h>                              //头文件
#define uchar unsigned char                     //定义 unsigned char 为 uchar
#define uint unsigned int                        //定义 unsigned int 为 uint
sbit K1=P3^2;                                    //位定义，P3^2 定义为 K1
sbit K2=P3^3;                                    //位定义，P3^3 定义为 K1
uchar Number=0;                                  //无符号字符变量 Number
uchar code LED8Code[ ] = {0xc0,0xf9,0xa4,0xb0,0x99,0x92,0x82,0xf8,0x80,0x90};     //定义数组
LED8Code,数组元素为共阳极数码管字形码值
void delay(uint t);                             //延时函数声明
void main(void)                                 //主函数
{P3=0xff;                                        //读端口时，先给端口赋"1"
P2=0xc0;                                         //P2 端口赋值，数码管显示字符"0"
while(1)                                         //无限循环
{if(K1==0|K2==0)                                 //查询法判断按键 K1 或者 K2 是否被按下
    {  delay(10);                               //延时 10 ms，软件消抖
      if(K1==0)                                 //判断按键 K1 是否被按下
    {  if(Number==9)                            //按键 K1 被按下，如果变量 Number 值为"9"
```

```
                {Number=0;}                    //Number 的值赋"0"
                  else                         //否则
                {Number++;}                    // Number 的值加"1"
                while(K1==0);}                 //等待按键 K1 被松开
            else if(K2==0)                     //判断按键 K2 是否被按下
            {if(Number==0)                     //按键 K1 被按下,如果变量 Number 值为"0"
                {Number=9;}                    //Number 的值赋"9"
                  else                         //否则
                {Number--;}                    // Number 的值减"1"
                while(K2==0);                  //等待按键 K2 被松开
            }   }
        P2=LED8Code[Number];                   //数码管显示相应字符
        delay(100);}     }                     //延时 100 ms
void delay(uint t )                            //延时 t×1 ms,针对 12 MHz
{       uchar i;
        while(--t)
        {for(i=124;i>0;i--);}     }
```

上述编程思路就是先检测按键是否被按下,如被按下,延时消抖后再次查询。查询按键 K1 是否被按下,执行"delay(10)"后面的第 1 个"if"后的语句,如果 K1 没有被按下,则执行"else if(k2==0)"后面的语句。在执行按键 K1 和 K2 确定按下后面的语句中又包含了一个"if else"语句,用来判断加数是否加到最大,或者减数是否加到最小。查询法程序中包含了 3 个 if 语句,分别判断按键是否被按下、K1 或 K2 是否被按下,计数是否计到最大。程序中"while(k1==0)"或者"while(k2==0)"语句用来判断按键是否被松开,如果没有被松开,则在此处语句无限循环,但此种语句比较浪费 CPU 资源。

按键 K1 和 K2 连接的 P3.2 和 P3.3 端口,除了做普通的 I/O 端口,还可以作为第二功能使用,即外部中断 INT0 和 INT1 的输入端。按键控制加减计数的中断法程序如下:

```
#include<reg52.h>                     //头文件
#define uchar unsigned char           //定义 unsigned char 为 uchar
#define uint   unsigned int           //定义 unsigned int 为 uint
#define LED P2                         //定义 P2 为 LED
uchar Number=0;                        //无符号字符变量 Number
uchar code LED8Code[ ] = {0xc0,0xf9,0xa4,0xb0,0x99,0x92,0x82,0xf8,0x80,0x90};     //定义数组
LED8Code,数组元素为共阳极数码管字形码值
void delay(uint t);                    //延时函数声明
void main(void)                        //主函数
{
    IE=0x85;                           //中断允许寄存器设置,允许外部中断 0 和外部中断 1
    TCON=0x05;                         //定时/计数器控制寄存器设置,外部中断下降沿触发
    while(1)                           //无限循环
    {
        LED=LED8Code[Number];          //数码管显示相应字符
```

```
    delay(4);                              //延时 4 ms
  }
}
void    counter0(void) interrupt 0         //外部中断 0，中断服务子函数
{
    Number++;                              //中断计数加"1"
    if(Number = = 10)                      //如果 Number 的值为"10"，则 Number 为"0"
    Number = 0;
}
void    counter2(void) interrupt 2         //外部中断 1，中断服务子函数
{    Number--;                             //中断计数减"1"
    if(Number = = 255)                     //如果 Number 的值为"255"，则 Number 为"9"
    Number = 9;    }

void delay(uint t )                        //延时 t×1 ms，针对 12 MHz
{    uchar i;
     while(--t)
     {for(i = 124;i>0;i--);}    }
```

上述程序中主函数语句"IE = 0x85"表示总中断、外部中断 INT0 和外部中断 INT1 允许中断。"TCON = 0x05"表示外部中断 INT0 和外部中断 INT1 下降沿触发，中断相关寄存器必须在主函数中进行设置。主函数后是两个中断服务子函数，对应为中断服务子程序。如果按键没有被按下，则 CPU 一直执行主函数，当按键 K1 和 K2 被按下，程序则自动从主函数跳转到相应的中断服务子函数中，其中中断处理过程在 C 程序中没有体现，可以参考相应汇编程序。上述程序的优点是程序响应快、简单直观。

3. 下载程序、连接电路和观察实验结果

编译源程序，生成 HEX 文档，将其下载到 STC 单片机中。用 8 根导线将单片机的 P3.2 和 P3.3 引脚连接两个按键，用 8 根导线将单片机的 P2 端口连接数码管显示接口电路。图 4-31、图 4-32、图 4-33 和图 4-34 所示为矩阵按键中每按一个按键对应数码管的加"1"或减"1"。

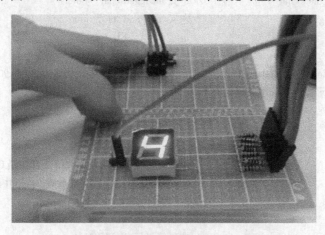

图 4-31 按键 K1 被按下时数码管显示数字加"1"

图 4-32　按键 K1 被按下时数码管显示数字加 "1"

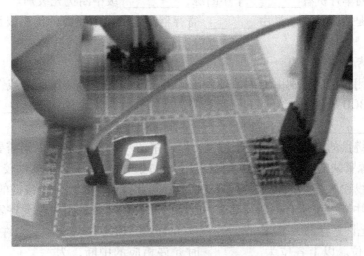

图 4-33　按键 K2 被按下时数码管显示数字减 "1"

图 4-34　按键 K2 被按下时数码管显示数字减 "1"

项目小结

通过本项目的学习，应掌握最常见的单片机输入设备——按键的使用。其中包括独立按键和矩阵按键的电路连接方法，独立按键和矩阵按键的编程方法，编程方法中又包括查询法和中断法。本项目的难点是矩阵按键的编程方法和中断程序的编写方法。

习题与制作

一、填空题

1. 消除键盘抖动常用两种方法，一是采用_____，用基本 RS 触发器构成；二是采用_____。

2. C51 系列单片机有_____个中断源，_____级中断优先级别。

3. 中断源是否允许中断是由_____寄存器决定的，中断源的优先级别是由_____寄存器决定。

4. 外部中断请求信号有_____和_____两种触发方式。

5. 键盘上闭合键的识别由专用的硬件编码器实现，并产生键编码号或键值的称为_____键盘，如 BCD 码键盘、ASCLL 码键盘等，而靠软件来识别的称为_____键盘。非编码键盘又分为_____非编码键盘和_____非编码键盘。

6. 独立式键盘的电路简单，易于编程，但占用的_____较多，当需要较多按键时可能产生 I/O 资源紧缺的问题。矩阵式键盘占用 I/O 端口_____，但软件较为复杂。

7. N 条行线和 M 条列线构成的行列式键盘，可组成有_____个按键的键盘。

8. CPU 对中断系统所有中断及某个中断源的开放和屏蔽是由中断允许寄存器_____控制的，中断允许寄存器中 EX0 是_____允许位，EX1 是_____允许位，EA 为 CPU 中断_____位。以上各位为_____时允许相应的中断，为_____时禁止相应的中断。

9. 外部中断 0 可由 IT0 选择其为低电平有效还是_____有效，当 CPU 检测到 P3.2 引脚上出现的中断信号时，中断标志_____置 1，向 CPU 申请中断。

二、选择题

1. C51 单片机的（   ）口的引脚，还具有外中断、串行通信等第二功能。

    A P0   B P1   C P2   D P3

2. 要使 51 单片机能够响应定时器 T1 中断，串行接口中断，它的中断允许寄存器 IE 的内容应是（   ）。

    A 98H   B 84H   C 42H   D 22H

3. 当 CPU 响应外部中断 INT0 的中断请求后，程序计数器 PC 的内容是（   ）。

    A 0003H   B 000BH   C 0013H   D 001BH

4. C51 单片机中关键字（   ）用来改变寄存器组。

    A interrupt   B unsigned   C using   D reentrant

5. 用线反转法识别有效按键时，如果读入列线值全为 1 则说明（   ）。

A　没有按键被按下　　　　　　　　B　有一个按键被按下

C　有多个按键被按下　　　　　　　D　以上说法都不对

6. 中断是一种（　　　　）。

　　A　资源共享技术　　　　　　　　B　数据转换技术

　　C　数据共享技术　　　　　　　　D　实时操作技术

7. 中断响应条件是（　　　　）。

　　A　中断源有中断请求　　　　　　B　此中断源的中断允许位为 1

　　C　CPU 开中断　　　　　　　　　D　同时满足上述条件时，CPU 才有可能响应中断

8. 键盘按键机械抖动的时间一般为（　　　　）。

　　A　1~2 s　　　　B　5-10 ms　　　C　5-10 μs　　　D　无限长

9. 有一需要 15 个按键的键盘，如果采用矩阵式键盘，直接与 IO 口相连，则需要
（　　）IO 口线。

　　A　15 根　　　　　B　16 根　　　　C　8 根　　　　D　7 根

三、问答题

1. 简述在使用普通按键的时候，为什么要进行去抖动处理？

2. 独立式按键和矩阵式键盘分别具有什么特点？适用于什么场合？

3. C51 的中断函数和一般的函数有什么不同？

4. C51 单片机外部中断源有电平触发和边沿触发两种触发方式。这两种触发方式所产生的中断过程有什么不同？

四、制作题

设计 8 个按键控制 8 个 LED 灯闪烁，例如 K1 被按下时对应的发光二极管 LED1 亮，依次类推，要求采用外部中断实现按键按下的检测。

项目 5　单片机控制定时/计数器的设计与制作

【知识目标】

1. 熟悉单片机控制定时器/计数器原理
2. 掌握单片机 4 种工作方式原理
3. 掌握单片机控制定时器/计数器的查询法和中断法编程

【能力目标】

1. 掌握 60 s 倒计时电路设计、焊接及调试方法
2. 掌握 8 位数码管动态显示的编程及电路设计

任务 5.1　定时器 T0 工作方式 0 时实现 1 s 延时

5.1.1　定时器结构及工作原理

1. 定时器内部结构

从图 5-1 可以看出，与单片机定时器相关的寄存器有 T0 和 T1、定时/计数器的控制寄存器（TCON）、工作方式寄存器（TMOD）。C51 单片机由两个 16 位的定时器 T0 和 T1 组成，T0 和 T1 由高 8 位（TH_x）和低 8 位（TL_x）组成。TMOD 是定时/计数器的工作方式寄存器，确定定时器工作方式和功能。TCON 是定时/计数器的控制寄存器，控制 T0、T1 的启动，停止及设置溢出标志。

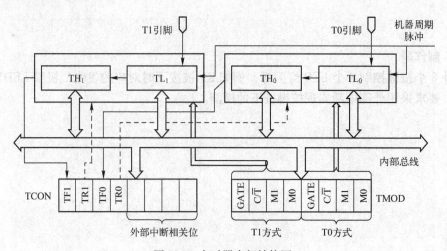

图 5-1　定时器内部结构图

2. 定时器工作原理

定时/计数器实质是一个可编程的加法计数器，它的计数脉冲有两个来源，一个是由系统的时钟振荡器输出脉冲经 12 分频；一个是 T0 或 T1 引脚输入的外部脉冲。无论是内部时钟脉冲还是外部脉冲，每来一个脉冲计数器加"1"。图 5-2 中 C/T、TR_x、GATE、INT_x、TF_x 为定时器控制位，当 C/T=0 时，对内部时钟脉冲计数；当 C/T=1 时，对外部脉冲计数。TR_x、GATE、INT_x 等控制位用来控制图 5-2 中的启动控制，当控制端开关闭合时，脉冲计数开始，寄存器 T0 或 T1 的值加"1"，当寄存器值计满后，则 TF 标志位置"1"并发出中断请求。C/T、TR_x、GATE、TF_x 涉及 TCON 寄存器和 TMOD 寄存器。

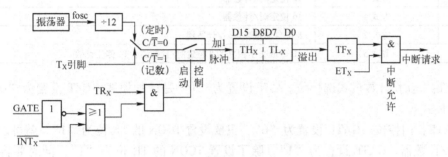

图 5-2　定时器工作原理示意图

3. 定时器相关寄存器

1) TCON：控制 T0、T1 的启动和停止及设置溢出标志，其位定义格式见表 5-1。TCON 低 4 位与外部中断有关，高 4 位与定时/计数器有关。

表 5-1　TCON 位定义格式

位　地　址	8FH	8EH	8DH	8CH	8BH	8AH	89H	88H
位符号	TF1	TR1	TF0	TR0	IE1	IT1	IE0	IT0

- TF1：T1 定时/溢出中断请求标志位。溢出时由硬件自动置 TF1 为"1"，CPU 响应中断后 TF1 由硬件自动清 0。CPU 也可以查询 TF1 的状态，其 TF1 可以用软件置"1"或清"0"。
- TR1：T1 启动控制位。TR1 置"1"时，T1 开始工作；TR1 置"0"时，T1 停止工作。TR1 由软件置"1"或清"0"。
- TF0：T0 定时/溢出中断请求标志位。溢出时由硬件自动置 TF0 为"1"，CPU 响应中断后 TF0 由硬件自动清 0。CPU 也可以查询 TF0 的状态，其 TF0 可以用软件置"1"或清"0"。
- TR0：T0 启动控制位。TR0 置"1"时，T0 开始工作，TR0 置"0"时，T0 停止工作。TR0 由软件置"1"或清"0"。

2) TMOD：定时器/计数器工作方式控制器，其作用是对定时器和计数器的选择和设置，有 4 种工作方式选择。TMOD 寄存器不可以进行位寻址，其控制位格式见表 5-2。TMOD 高 4 位用于对 T1 设置，低 4 位用于对 T0 设置。

表 5-2　TMOD 控制位格式

地　址	89H							
位符号	GATE	C/T	M1	M0	GATE	C/T	M1	M0

- M1M0：工作方式设置位。定时/计数器有 4 种工作方式，由 M1 M0 进行组合式设置，见表 5-3。

表 5-3　4 种工作方式设置

M1M0	工作方式	说　明
00	方式 0	13 位定时/计数器
01	方式 1	16 位定时/计数器
10	方式 2	8 位自动重装定时/计数器
11	方式 3	T0 分成 2 个独立的 8 位定时/计数器，T1 停止计数

- C/T：定时/计数模式选择位。C/T 设置为"1"是计数模式，C/T 设置为"0"是定时模式。
- GATE：门控位。GATE 设置为"0"，只要设置 TCON 的 TR 位为"1"，就可以启动定时/计数器。GATE 设置为"1"，除了设置 TCON 的 TR 位为"1"，同时要将外部中断引脚设置为"1"，才能启动定时/计数器。

4. 定时器工作方式 0 时工作原理

将 TMOD 寄存器的 M1M0 设置为"00"（以定时器 T0 为例），则定时器工作方式为 0。这种方式下，为 13 位的计数器，由 TH0 的 8 位和 TL0 的低 5 位组成，TL0 的高 3 位不用，见表 5-4。

表 5-4　定时器工作方式 0 时 T1 寄存器

TH0									TL0				
D12	D11	D10	D9	D8	D7	D6	D5		D4	D3	D2	D1	D0

当 TL0 的低 5 位计数溢出时，向 TH0 进位，而 TH0 计数溢出时，则向终端标志位 TF0 进位，并请求中断，定时器工作方式 0 工作原理如图 5-3 所示。

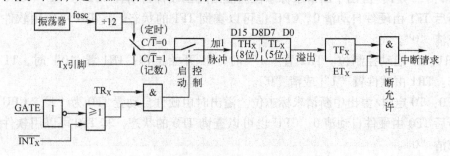

图 5-3　定时器工作方式 0 时工作原理示意图

5.1.2　定时器工作方式 0 时定时初值计算方法

工作方式 0 的定时为 13 位，从 0000H 开始计数，能够计数最大值为 1FFFH（8191），当再来一个脉冲，13 位的寄存器溢出。实际应用中，定时和计数并不是从 0000H 开始计数，而是某一个初值 XXXXH 开始计数。当 C/T 为"1"时为计数器，其计数个数为 N = 1FFFH-XXXXH。当 C/T 为"0"时为定时器，其定时时间为 T = (1FFFH-XXXXH) * 1/f * 12。

例如 STC89C51RC 的晶振频率为 12 MHz，工作方式 0 时定时最大值为 T = 8191 * 1/12 * 12 = 8191 μs，计数最大值为 N = 8191。如果一次要定时为 5 ms，则定时器的定时初值 X = 8191-5000 = 3191 = 0C77H。定时/计数器工作方式 0 的初值计算公式如下：

$$计数初值 = 2^{13} - 实际计数值 \tag{5-1}$$

$$定时初值 = 2^{13} - 实际定时 * f/12 \tag{5-2}$$

式中　f——单片机晶振频率。

5.1.3　定时器查询法和中断法

1. 查询法

查询法的思路：在调用的延时函数中，设置定时器初值，启动定时功能，判断溢出标志位 TF 是否为"1"，不为"1"，继续进行计数，直到 TF 为"1"，一次定时时间到，将溢出标志位 TF 置"0"。

2. 中断法

中断法的思路：中断法程序编写与 4.3 节外部中断程序编写方法一致，主程序中设置定时器初值，启动定时器，设置中断允许寄存器，定时器中断子程序格式如下：

```
void 函数名( )interrupt 中断号 using 工作组
       {     中断服务程序内容     }
```

定时器/计数器 T0 的中断号是"1"，定时器/计数器 T1 的中断号是"3"。定时器初值设置为 0C77H，一次定时为 5 ms，而本任务要求 1 s 的延时，则必须进行 200 次这样的中断，一次中断完毕后，定时器的初值变为 0000H，这时需要重新设置定时器的初值。

5.1.4　编程实现定时器 T0 的 1 s 延时

1. 编程任务

任务 2.2 详细讲解了软件延时 0.6 s 的调试过程，软件延时的思路就是 CPU 不断执行执行指令以产生时间的累积。本任务编程实现定时器 T0 工作方式 0 时实现 1 s 延时。

2. 编程思路

用定时器编程实现 1 s 延时的编程方法有查询法和中断法两种。

查询法实现定时器 1 s 延时编程思路是定时器赋初值，启动定时器，查询定时器 TF 标志位。如果 TF 标志位为"0"，无溢出，继续查询；如果 TF 标志位为"1"，溢出，一次定时完成，将 TF 标志位清零。如果一次定时时间不够，在语句外加一个循环语句。其源程序如下：

```
#include<reg52. h>                    //头文件
#define uchar unsigned char           //定义 unsigned char 为 uchar
#define uint   unsigned int            //定义 unsigned int 为 uint
#define LED P2                         //定义 P2 端口为 LED
void delay(void);                     //延时函数声明
```

```
void main(void)                              //主函数
{TMOD = 0x00;                                //工作方式设置
 while(1)                                     //无限循环
 {LED = 0x00;                                 //LED 灯同时点亮
  delay();                                    //调用延时函数
  LED = 0xff;                                 //LED 灯同时熄灭
  delay();                                    //调用延时函数
 }
}

void delay()                                 //延时子函数
{uchar i;                                     //无符号字符变量 i
 for(i = 0;i<200;i++)                         //定时器溢出 200 次
 {
  TH0 = 0x0c;                                 //定时器 T0 赋初值,溢出一次 5 ms
  TL0 = 0x77;
  TR0 = 1;                                    //启动定时器 T0
  while(!TF0);                                //查询定时器 T0 是否溢出
  TF0 = 0;                                    //定时器 T0 溢出,标志位清零
 }
}
```

中断法实现定时器 1 s 延时编程思路是：主函数中设置定时器相关寄存器，其中包括设置定时器初值、选择定时器工作模式、开启定时器、开启中断允许寄存器相关标志位。中断服务子函数中，需要重新设置定时器初值，因为定时器工作方式 0 不具有初值自动重装功能。由于一次定时只有 5 ms，因此要产生定时 1 s，必须循环 200 次，中断服务子函数中包含一个中断次数判断语句。其源程序如下：

```
#include<reg52.h>                             //头文件
#define uchar unsigned char                  //定义 unsigned char 为 uchar
#define uint   unsigned int                  //定义 unsigned int 为 uint
#define LED P2                               //定义 P2 端口为 LED
uint number;                                 //无符号整型变量 number
void main(void)
{
  TMOD = 0x00;                               //定时器 T0 工作在定时方式并采用方式 1
  EA = 1;                                     //开放所有中断
  ET0 = 1;                                    //允许定时器 T0 中断
  TH0 = 0x0c;                                 //定时器 T0 赋初值,定时 5 ms
  TL0 = 0x77;
  TR0 = 1;                                    //启动定时器 T0
  LED = 0x00;
  while(1);                                   //无限循环
}
```

```
void timer0(void) interrupt 1          //中断服务子函数
{
    TH0 = 0x3c;                        //重新赋初值
    TL0 = 0xb0;
    number++;                          //变量 number 加 1
    if(number == 200)                  //判断是否溢出 200，并定时 1 s
    {
        number = 0;                    //定时 1 s 后，number 归"0"
        LED = ~ LED;                   //LED 灯闪烁效果
    }
}
```

3. 观察实验结果

对本任务不进行电路演示，只用 Keil 软件演示程序调试过程：

1）新建工程项目，并选择单片机、设置单片机频率，输出 HEX 文件。

2）新建文件，在文本编辑器中编写程序、保存、添加到工程项目中。

3）编译，根据输出窗口提示信息，修改程序中的错误。

4）调试。单击"调试"按钮，并打开端口 P2 和定时器 T0，窗口如图 5-4 所示。

5）单击"全速运行"按钮，观察 P2 端口变化、定时器 T0 窗口值变化和 Watch 窗口中变量 number 的值变化。

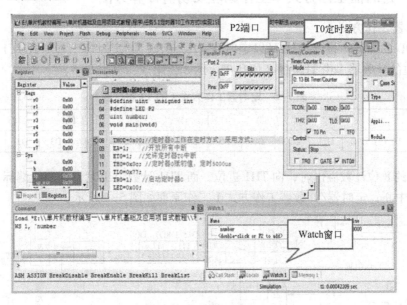

图 5-4　全速运行窗口

6）重新调试，单击"单步运行"按钮，当程序运行到"while(1)"语句时，一直在此循环。单步运行时，要使程序从主函数跳转到中断服务函数中，需要手动设置 TF0 为"1"，如图 5-5 所示。

通过上述调试方法，可以查看程序运行情况，加深理解定时中断程序。

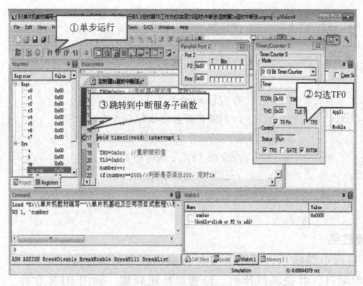

图 5-5　单步运行窗口

任务 5.2　定时器 T1 工作方式 1 时实现 60 s 倒计时

5.2.1　定时器工作方式 1 工作原理及初值计算方法

1. 定时器工作方式 1

将 TMOD 的 M1M0 设置为 01（以定时器 T1 为例），则定时器工作方式为 1。这种方式下，为 16 位的计数器。由 TH1 的 8 位和 TL1 的 8 位组成，见表 5-5。

表 5-5　定时器工作方式 1 的 T1 寄存器

TH1								TL1							
D15	D14	D13	D12	D11	D10	D9	D8	D7	D6	D5	D4	D3	D2	D1	D0

当 TL1 的 8 位计数溢出时，向 TH1 进位，而 TH1 计数溢出时，则向终端标志位 TF1 进位，并请求中断，定时器/计数器工作方式 1 工作原理如图 5-6 所示。

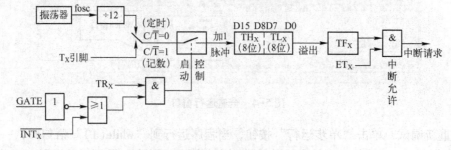

图 5-6　定时器工作方式 1 原理示意图

2. 工作方式 1 时定时 1 s 的初值计算

定时器工作方式 1 时是 16 位的计数器，能够计数最大值为 N = FFFFH。例如

STC89C51RC 的晶振频率为 12 MHz，一次能够定时最大值为 T=（FFFFH-0000H）＊1/12＊12 ＝65535 μs。定时/计数器工作方式 1 的初值计算公式如下：

$$计数初值 = 2^{16} - 实际计数值 \tag{5-3}$$
$$定时初值 = 2^{16} - 实际定时 * f/12 \tag{5-4}$$

式中　f——单片机晶振频率。

5.2.2　设计和焊接两位数码管动态显示接口电路

1. 电路设计

本任务使用定时器 T1 工作方式 1 下实现 60 s 倒计时，外围电路只需要 1 个两位的数码管。数码管的公共端通过三极管 8550 接单片机 I/O 端口 P1，数码管的段选端接单片机 I/O 端口的 P2，其接口电路如图 5-7 所示。

2. 准备元器件及工具

本任务需要焊接定时器 T1 工作方式 1 下实现 60 s 倒计时的接口电路，所需的元器件及工具详见表 5-6。

表 5-6　60 s 倒计时接口电路所需元器件

序　号	电路组成	元 件 名 称	规格或参数	数　量
1		电阻	10 kΩ	2 个
2		排阻	10 kΩ	1 个
3		电解电容	10 μF	1 个
4		瓷片电容	30 pF	2 个
5		晶振	12 MHz	1 个
6		万用板	5 cm×7 cm	1 块
7	最小系统	DIP40 锁紧座	40PIC	1 个
8		常开轻触开关	6×6×5 微动开关	1 个
9		发光二极管	3 mm，红色	1 个
10		自锁开关	8×8	1 个
11		USB 插座	A 母	1 个
12		排针	40 针	1 个
13		晶振底座	3 针圆孔插座	1 个
14		焊烙铁	50 W 外热式	1 把
15		焊锡丝	0.8 mm	若干
16	焊接工具	斜口钳	5 寸	1 把
17		镊子	ST-16	1 个
18		吸锡器		1 把
19		2 位数码管	GY5101AB	1 个
21		电阻	220 Ω	2 个
22	外围电路	晶体管	PNP（8550）	2 个
23		排针	40 针	1 条
24		万用板	5 cm×7 cm	1 个

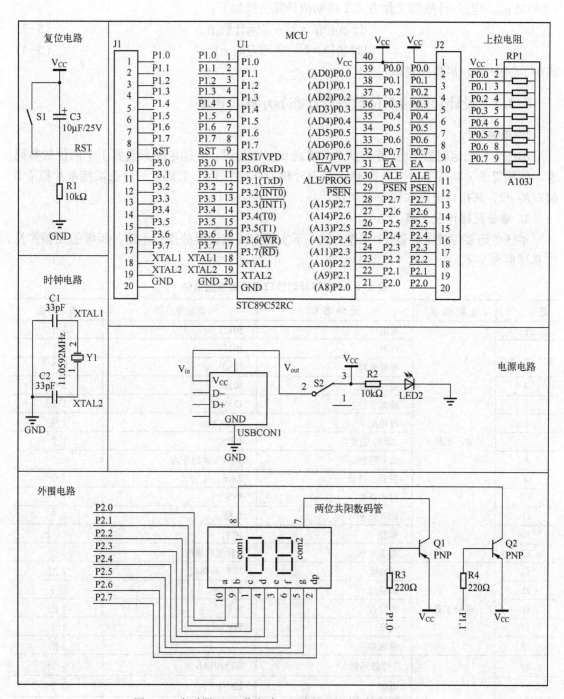

图 5-7　定时器 T1 工作方式 1 下实现 60 s 倒计时接口电路

3. 检测元器件

本任务需要检测两位数码管是共阳极还是共阴极，数码管每个引脚定义。具体检测方法可以参考章节3.1.3的1位数码管的检测方法。

4. 焊接电路

图5-7所示的60 s倒计时接口电路所示，两位数码管位选端接两个晶体管（8550）的集电极，晶体管的发射极接电源V_{CC}，晶体管的基极引出接单片机端口。2位数码管的段选端直接接单片机端口。焊接完的60 s接口电路正面如图5-8所示，60 s接口电路的反面如图5-9所示。

图5-8　60 s倒计时接口电路的正面

图5-9　60 s倒计时接口电路的反面

5.2.3　编程实现60 s倒计时数码管动态显示

1. 编程任务

编程实现两位数码管60 s倒计时，要求用使用定时器T1且工作方式为1，用中断法产生定时。

2. 编程思路

中断定时法中程序结构由主函数和中断服务子函数组成，主函数主要完成定时器T1和中断相关寄存器的设置，以及两位数码管动态显示等程序的编写。中断服务子函数主要完成相关寄存器的重置，以及一些变量值的判断。

根据式（5-4），假设单片机一次定时为 50000 μs，定时器 T1 寄存器的初始值计算如下：

$$定时初值=2^{16}-实际定时*f/12$$
$$=65536-50000*f/12=15536=3CB0H$$

主函数中设置 T1 寄存器 TH1＝0x3CH、TL1＝0XB0H，IE＝0x88H 中断允许寄存器中设置总允许及定时器 T1 允许，用 TMOD＝0x10 设置定时器工作方式 1，用 TCON＝0x40H 启动定时器 T1。中断服务子函数 TH1 和 TL1 需重新赋值，因为定时器工作方式 1 不具有自动重装功能。

中断服务子函数需要设置一变量 counter，当单片机完成一次定时 50 ms 时，进入中断服务子程序，counter 的值加 1，并判断 counter 的值是否等于 20，不等于 20，跳出中断服务子函数，等于 20，则 counter 值为 0，因为整个定时时长为 1 s，需要中断 20 次。

两位数码管 60 s 倒计时过程中，根据数码管动态扫描原理，主函数中首先选中数码管的十位，显示字符"6"，延时 4 ms 左右，选中数码管的个位，显示字符"0"，延时 4 ms 左右，再选中数码管的十位，显示字符"6"，依次循环下去。当定时中断达到 1 s 后，数码管将显示字符"59"。重复上述的步骤，只不过十位数码管和个位数码管送入的段选值是字符"5"和"9"的段形码。这个任务与 3.2 有所不同，任务 3.2 中 4 位数码管的每位数码管恒定显示一字符，例如万位显示字符"1"，千位显示字符"2"，十位显示字符"3"，个位显示字符"4"。而本任务中十位和个位数码管每一秒内显示的字符是不一样的。

因此，中断子函数中设置 number、number1、number2 这 3 个变量。number 的初始值为60，当定时器每定时 1 s 后，number 值减"1"；number1 是数码管十位要显示的字符对应的数组元素下标，number2 是数码管个位要显示的字符对应的数组元素下标，number1 和 number2 是根据 number 的值计算出来的，并且是变化的。定时器 T1 工作方式 1 下实现 60 s 倒计时的程序如下：

```
#include<reg52. h>                      //头文件
#define uchar unsigned char             //定义 unsigned char 为 uchar
#define uint unsigned int               //定义 unsigned int 为 uint
uchar Dm[ ]={0xc0,0xf9,0xa4,0xb0,0x99,0x92,0x82,0xf8,0x80,0x90};  //共阳极七段数码管"0"~"9"字形码
uchar number=60,counter=0,number1,number2;   //定义无符号字符变量
void delay(uint t);                     //延时函数声明
main( )                                 //主函数
{TMOD=0x10;                             //定时器 T1 工作方式 1
  TL1=0xb0;                             //定时器赋初值
  TH1=0x3c;
  EA=1;                                 //允许开放中断
  ET1=1;                                //允许定时器 T1 中断
  TR1=1;                                //启动定时器 T1
  while(1)                              //无限循环
  { P1=0xfe;                            //位选个位数码管
  P2=Dm[number1];                       //个位数码管显示对应字符
  delay(4);                             //延时 4 ms
```

```
    P1 = 0xfd;                          //位选十位数码管
    P2 = Dm[number2];                   //十位数码管显示对应字符
delay(4);}                              //延时4ms
}
void timer1() interrupt 3              //定时器T1中断子函数
{ ET1 = 0;                              //禁止定时器T1中断
  TL1 = 0xb0;                           //定时器重新赋初值
  TH1 = 0x3c;                           //
  counter++;                            //计数变量counter加"1"
if(counter == 20)                       //定时是否到1s
  { counter = 0;                        //计数变量counter清"0"
    number--;                           //数码管显示值减"1"
  }
    if(number == 0)                     //数码管显示值是否减到"0"
    { number = 60;                      //number值为"0",则number重新赋"60"
    }
    number1 = number/10;                //将数码管显示值拆成十位
    number2 = number%10;                // 将数码管显示值拆成个位
    ET1 = 1;                            //允许定时器T1中断
  }
void delay(uint t)                      //延时t×1ms,针对12MHz
{    uchar i;
     while(--t)
     {for(i = 124;i>0;i--);}
     }
```

3. 下载程序、连接电路和观察实验结果

编译源程序，生成HEX文档，将其下载到STC单片机中。用8根导线将单片机的P2端口连两位数码管的段选端。用两根导线将单片机的P1端口连接数码管的位选端口。图5-10、图5-11、图5-12和图5-13为两位数码管进行60s倒计时显示的效果图。

图5-10　数码管倒计时显示的字符"60"

图 5-11　数码管倒计时显示的字符"59"

图 5-12　数码管倒计时显示的字符"58"

图 5-13　数码管倒计时显示的字符"57"

任务 5.3　通过定时器 T0 工作方式 2 时拉幕式数字显示

5.3.1　定时器工作方式 2 时工作原理及初值计算方法

1. 定时器工作方式 2

将 TMOD 的 M1M0 设置为 10（以定时器 T0 为例），则定时器工作方式为 2。这种方式下，它是 8 位的计数器，该计数器仅由 TL1 的 8 位组成。TH1 存放初值，工作方式 2 具有初值自动重装功能。当 TL1 的 8 位计数溢出时，则向终端标志位 TF1 进位，并请求中断，TH1 存放的初值自动装入 TL1 中，定时器工作方式 2 工作原理如图 5-14 所示。

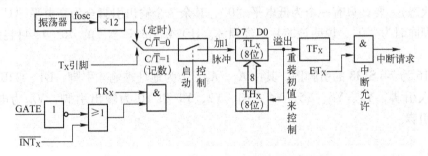

图 5-14　定时器工作方式 2 工作原理示意图

2. 工作方式 2 下定时 1 s 初值的计算

定时器工作方式 2 下是 8 位的计数器，能够计数最大值为 N = FFH。例如 STC89C51RC 的晶振频率为 12 MHz，一次能够定时最大值为 T = (FFH−00H) * 1/12 * 12 = 256 μs。设定定时器初值为 6(06H)，每次定时 250 μs，要达到总定时 1 s，需要重复中断 4000 次。定时/计数器工作方式 2 的初值计算公式如下：

$$计数初值 = 2^8 - 实际计数值 \tag{5-5}$$
$$定时初值 = 2^8 - 实际定时 * f/12 \tag{5-6}$$

式中　f——单片机晶振频率。

5.3.2　74LS138 芯片的原理及使用方法

芯片 74LS138 是 3 线-8 线译码器，其工作原理是当一个选通端为高电平，另外两个选通端为低电平时，可将地址端的二进制编码在一个对应的输出端以低电平译出。其真值表见表 5-7。

表 5-7　74LS138 真值表

输　入						输　出							
G1	G2B	G2A	A_2	A_1	A_0	Y0	Y1	Y2	Y3	Y4	Y5	Y6	Y7
X	1	X	X	X	X	1	1	1	1	1	1	1	1
X	X	1	X	X	X	1	1	1	1	1	1	1	1
0	X	X	X	X	X	1	1	1	1	1	1	1	1
1	0	0	0	0	0	0	1	1	1	1	1	1	1
1	0	0	0	0	1	1	0	1	1	1	1	1	1
1	0	0	0	1	0	1	1	0	1	1	1	1	1
1	0	0	0	1	1	1	1	1	0	1	1	1	1
1	0	0	1	0	0	1	1	1	1	0	1	1	1
1	0	0	1	0	1	1	1	1	1	1	0	1	1
1	0	0	1	1	0	1	1	1	1	1	1	0	1
1	0	0	1	1	1	1	1	1	1	1	1	1	0

由表 5-7 可知，当 74LS138 的选通端 G1 为高电平，另两个选通端 G2B、G2A 为低电平时，地址端 $A_2A_1A_0$ 为二进制编码，如"000"，对应的输出"Y7Y6Y5Y4Y3Y2Y1Y0"为"11111110"。从真值表还可以看出，任何时刻 74LS138 输出要么全为高电平"1"（芯片处于不工作状态），要么只有一个为低电平"0"，其余 7 个输出引脚全为高电平"1"。如果两个输出引脚同时为"0"，说明该芯片已经损坏。HD74LS138P 芯片的 DIP-16 封装如图 5-15 所示。

图 5-16 为 74LS138 的引脚图，其中 A_2、A_1、A_0 为地址端输入引脚，G1、G2B、G2A 为选通端输入引脚，Y7、Y6、Y5、Y4、Y3、Y2、Y1 和 Y0 为输出引脚，V_{CC} 为电源引脚，GND 为地引脚。

图 5-15 HD74LS138P 芯片

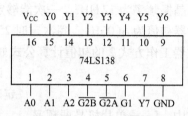

图 5-16 74LS138 引脚图

5.3.3 设计和焊接 8 位数码管动态显示接口电路

1. 电路设计

本任务需完成 8 位数码管拉幕式显示数字"12345678"，如果采用一位数码管，8 个数码管与单片机一一连接，显然单片机的 I/O 端口不够用。实际电路中，采用 4 位一体式数码管两个，数码管动态显示部分其详细介绍见任务 3.2。4 位一体式数码管位选端 4 个，段选端 8 个，将两个 4 位一体式数码管段选端并连在一起，只引出一组段选端（a、b、c、d、e、f、g、d、p），位选端（com1~com8）分别引出，这样单片机控制只需要两组 I/O 端口。

8 位数码管动态显示数字"12345678"，段选端使用芯片 74HC245 驱动，位选端使用 74LS138 驱动，74LS138 芯片的 8 个输出引脚中，只有一个输出引脚为低电平，其他 7 个引脚均为高电平。表现为 8 位数码管在某一时刻只点亮 1 个数码管，依此可进行动态扫描。4 位一体式数码管采用　　　　　，这样单片机只需要 3 根控制线控制 74LS138 输出，即可驱动 8 位共阴极数码管动态显示。8 位数码管动态显示接口电路如图 5-17 所示。

2. 准备元器件及工具

本任务需要焊接 8 位数码管动态显示接口电路，所需的元器件及工具详见表 5-8。

3. 检测元器件

本任务首先需要确定 4 位一体式数码管是共阳极还是共阴极，数码管每个引脚定义；其次是根据 74LS138 和 74LS245 芯片的数据手册，确定每个引脚的定义。

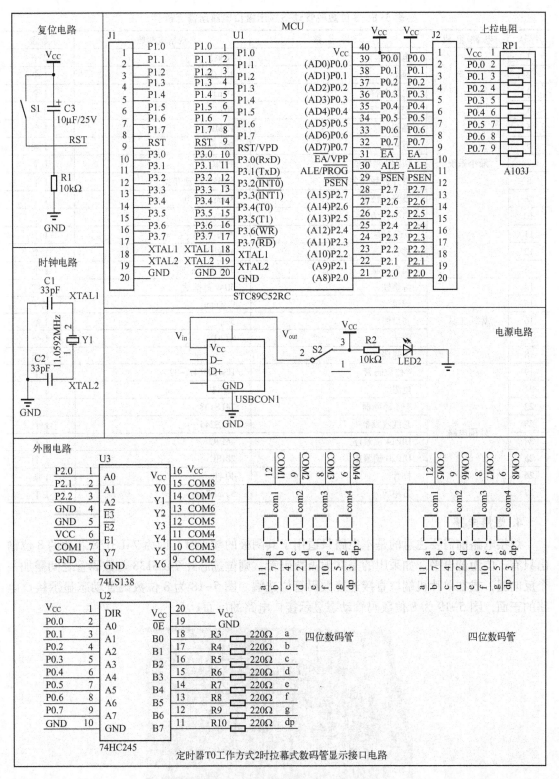

图 5-17 8位数码管动态显示接口电路

表 5-8   8 位数码管动态显示接口电路所需元器件

序号	电路组成	元件名称	规格或参数	数量
1	最小系统	电阻	10 kΩ	2 个
2		排阻	10 kΩ	1 个
3		电解电容	10 μF	1 个
4		瓷片电容	30 pF	2 个
5		晶振	12 MHz	1 个
6		万用板	5×7 cm	1 块
7		DIP40 锁紧座	40PIC	1 个
8		常开轻触开关	6×6×5 微动开关	1 个
9		发光二极管	3 mm、红色	1 个
10		自锁开关	8×8	1 个
11		USB 插座	A 母	1 个
12		排针	40 针	1 个
13		晶振底座	3 针圆孔插座	1 个
14	焊接工具	焊烙铁	50 W 外热式	1 把
15		焊锡丝	0.8 mm	若干
16		斜口钳	5 寸	1 把
17		镊子	ST-16	1 个
18		吸锡器		1 把
19	外围电路	4 位数码管	HS420361K-32	2 个
21		电阻	220Ω	8 个
22		3-8 译码器	74LS138	1 个
23		总线收发器	74LS245	1 个
24		DIP14 锁紧座	14PIC	1 个
25		DIP20 锁紧座	20PIC	1 个
26		排针	40 针	1 条
27		万用板	5 cm×7 cm	1 个

4. 焊接电路

焊接电路前需要注意的是本电路只适用于共阴极的数码管，因为 74LS138 芯片的 8 位输出只有 1 位为低电平。如采用的是共阳极数码管，则位选芯片 74LS138 与数码管之间需加一个反向器，或在单片机端口直接连接数码管位选端。图 5-18 为 8 位数码管动态显示接口电路的正面，图 5-19 为 8 位数码管动态显示接口电路的反面。

图 5-18   8 位数码管动态显示接口电路的正面

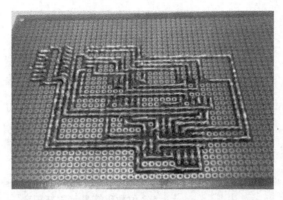

图 5-19　8 位数码管动态显示接口电路的反面

5.3.4　编程实现 8 位数码管拉幕式显示数字 "12345678"

1. 编程任务

使用定时器 T0 在工作方式 2 下编程实现 8 个数码管从右向左循环进行拉幕式显示字符 "12345678"，每轮显示间隔 1 s，每一轮中动态扫描每一位时间间隔为 1 ms。

2. 编程思路

本任务编程的基本思想也是基于动态扫描，第 1 轮动态扫描实现显示（＊＊＊＊＊＊＊1），第 2 轮动态扫描实现显示（＊＊＊＊＊＊12），第 3 轮动态扫描实现显示（＊＊＊＊＊123），第 4 轮动态扫描实现显示（＊＊＊＊1234），第 5 轮动态扫描实现显示（＊＊＊12345），第 6 轮动态扫描实现显示（＊＊123456），第 7 轮动态扫描实现显示（＊1234567），第 8 轮动态扫描实现显示 (12345678)，依次循环下去。每一轮间隔时间为 1 s，每一轮中动态扫描每一位时间间隔为 1 ms。

定时器 T0 工作方式 2 下每次中断定时 250 μs，需要中断 4 次实现 1 ms 定时。1 ms 定时到，需要完成的是依次扫描各位数码管，并按要求给各位赋此轮中应显示的值。因为每轮显示的字符不一样，所以 1 s 定时到，需要重新构建数组，该数组用于赋给每轮扫描的各位数码管的各个段选端。

程序要用到两个数组，位选数组 LEDDIG 和段选数组 LEDSEG，但段选数组值是固定的，这不符合每轮扫描需要显示不同的数组值，因此需要构造 1 个新的数组 dispbuf，该数组值指向段选数组 LEDSEG，用来确定每轮需要显示的段选值。其相应程序如下：

```
#include<reg52.h>                      //头文件
#define uchar unsigned char           //定义 unsigned char 为 uchar
#define uint   unsigned int           //定义 unsigned int 为 uint
uchar code LEDSEG[ ]={0x3f,0x06,0x5b,0x4f,0x66,0x6d,0x7d,0x07,0x7f,0x6f,0x77,0x7c,0x39,0x5e,
0x79,0x71,0x00};                      //定义数组 LEDSEG,存储共阴极数码管"0"~"F"字形码值
uchar LEDDIG[ ]={0x00,0x01,0x02,0x03,0x04,0x05,0x06,0x07};
                    //定义数组 LEDDIG(存储数码管位选值),存储数组形式 74LS138 的输入值
uchar dispbuf[8]={16,16,16,16,16,16,16,16};  //显示缓冲初始值
uchar dispbitcnt=0,u=0,i;             //定义无符号字符变量 dispbitcnt 和 u
uint   t1mscnt=0,t01scnt=0;           //定义无符号整型变量 t1mscnt 和 t01scnt
void main(void)                       //主函数
{TMOD=0x02;                           //定时器工作方式设置,设置 T0 工作方式 2
  TH0=0x06;                           //定时器初值设置
```

157

```
    TL0 = 0x06;
    TR0 = 1;                              //启动定时器 T0
    ET0 = 1;                             //允许定时器 T0 中断
    EA = 1;                              //中断总允许
    while(1);                            //无限循环
}


void t0(void) interrupt 1 using 0        //定时器中断子函数 t0
{
    t1mscnt++;                          //变量 t1mscnt 加 1，定时 1 ms
    if(t1mscnt == 4)                    //8 位数码管显示刷新频率
    {
        t1mscnt = 0;                    //变量 t1mscnt 赋"0"
        P0 = LEDSEG[dispbuf[dispbitcnt]];    //段选
        P2 = LEDDIG[dispbitcnt];        //位选
        dispbitcnt++;                   //变量 dispbitcnt 控制不同位数码管显示不同内容
        if(dispbitcnt == 8)
            { dispbitcnt = 0; }
    }
    t01scnt++;
    if(t01scnt == 4000)                 //定时 1s 时，重新构建数组 dispbuf
    { t01scnt = 0;                      //变量 t01scnt 赋"0"
        u++;
        if(u == 9)
        {u = 1;   }
        for(i = 7;i>0;i--)              //重建显示内容，将其存储在 dispbuf 数组中
        dispbuf[i] = dispbuf[i-1];
        dispbuf[0] = u;
    } }
```

上述程序开始处定义了 3 个数组："LEDSEG[ ]"用来存储共阴极数码管段形码，"LEDDIG[ ]"用来存储数码管位选码，"dispbuf[8]"是本程序的关键，称为显示缓冲区。因为每隔 1 s，8 位数码管显示的字符是不同的，并且上次显示字符和下次显示字符没有多大联系，不能采用任务 5.2 中使用变量的编程方法，这里采用数组来实现。显示缓冲区就是几个变量或者 1 个数组，用于保存需要显示出来的数据，程序将需要显示的数据计算出来保存在这里，当数码管扫描函数运行时就将缓冲区内的数据发送出来，这是一种比较优化的编程方法。

任务要求定时器 T0 工作在工作方式 2，每轮显示间隔 1 s，每一轮中动态扫描每一位时间间隔为 1 ms，这里的延时是定时器 T0 产生的。在主函数中首先定义定时器和中断相关寄存器，如"TMOD = 0x02H"语句用于设置定时器 T0 为定时工作于工作方式 2；"TH0 = TL0 = 0x06"语句表示工作方式 2 时 8 位寄存器是，TL0 参与脉冲计数，TH0 存放定时计数初值，此时工作方式 2 具有自动重装功能。假设单片机时钟频率为 12 MHz，工作方式 2 最大定时时间为 256 μs，设置 TL0 的初始值为 0x06H，则一次定时中断时间为 250 μs。任务要求每一轮动态扫码每一位时间间隔为 1 ms，则需要这样定时中断 4 次。每轮显示间隔为 1 s，

则需要这样定时中断 4000 次。在编程前就需要定义 2 个变量 t1mscnt 和 t01scnt，用来判断定时中断是否达到 4 次和 4000 次。TR0 是 TCON 中的标志位，设置 TR0 = 1 表示开启定时器 T0。EA 和 ET0 是 EI 中断允许寄存器的标志位，EA = 1 和 ET0 = 1 表示允许总中断和允许定时器 T0 中断。

中断服务子程序格式为 void t0（void）interrupt 1 using 0，t0 为中断函数名，interrupt 为中断号，using 0 为使用工作寄存器组 0。程序进入中断服务子函数表示一次定时 250 μs 完成，程序没有进入中断服务子函数就继续执行主程序，定时器继续计时。中断服务子函数中不需要重新设置定时寄存器 T0 的初值，因为工作方式 2 具有初值自动重装功能。紧接着中断服务子函数变量 t1mscnt 加 "1"，然后判断变量 t1mscnt 的值是否为 "4"，如果为 "4"，则表示定时 1 ms 到，需要进行 8 位数码管的每位的动态扫描；如果不为 "4"，继续执行后面的语句。

程序中变量 dispbitcnt 含义为显示位计数，通过它指定 8 位数码管按位扫描要显示的位（语句为 P2 = LEDDIG［dispbitcnt］）以及每位显示的字符（P0 = LEDSEG［dispbuf［dispbitcnt］］），当 dispbitcnt 变量值加 "1"，加到 "8" 后，重新置 "0"，相当于 "for(i = 0;i < 8;i++)" 语句的作用。关键是对语句 "P0 = LEDSEG［dispbuf［dispbitcnt］］" 的理解。单片机 P0 端口连接数码管的段选端，每间隔 1 s，8 位数码管显示字符不同，因此不能直接将数组 "LEDSEG［ ］" 的值赋给 P0 端口，而需要构造一个新的数组 dispbuf［ ］，里面存放每轮 8 位数码管要显示字符段形码对应的数组标号，例如 8 位数码管要显示 "12345678"，则 "dispbuf［ ］={1,2,3,4,5,6,7,8}"。下一个要显示的字符是 "23456781"，则 "dispbuf［ ］= {2,3,4,5,6,7,8,1}"。程序每隔 1 s，显示下一轮字符，则需要构造新的数组 dispbuf［ ］。

程序首先判断定时 1 s 是否达到时限，如果满足条件，则变量 t01scnt 置 "0"。变量 u 的作用是将 8 位数码管显示的首位字符移到显示最低位中。最后 3 句代码就构造了新的数组 "dispbuf［ ］"，特别注意的是 for 语句后没有 "{}"。

3. 下载程序、连接电路和观察实验结果

编译源程序，生成 HEX 文档，将其下载到 STC 单片机中。用 8 根导线将单片机的 P0 端口连 8 位数码管的段选端。用 3 根导线将单片机的 P2 端口连接数码管的位选端口。图 5-20、图 5-21、图 5-22 和图 5-23 为 8 位数码管拉幕式显示数字 "12345678" 效果图。

图 5-20　8 位数码管拉幕式显示字符 "12"

图 5-21　8 位数码管拉幕式显示字符 "1234"

图 5-22　8 位数码管拉幕式显示字符 "123456"

图 5-23　8 位数码管拉幕式显示字符 "12345678"

项目小结

通过本项目的学习，应掌握单片机的重要组成部分——定时器的内部结构及工作原理。

定时器常见的 3 种工作方式有工作方式 0、工作方式 1 和工作方式 2。通过对这 3 种工作方式结合实例的介绍，需掌握单片机定时中断程序的编写方法。

习题与制作

一、填空题

1. C51 单片机中有_____个_____位的定时/计数器，可以被设定的工作方式有_____种。

2. C51 单片机的定时器/计数器有 4 种工作方式，其中方式 0 是_____位计数器；方式 1 为_____位计数器；方式 2 为_____的_____位计数器；只有定时器_____才能选作组合方式 3，此时将形成 2 个_____位的计数器。

3. 单片机中，常用作地址锁存器的芯片是_____，常用作地址译码器芯片的是_____。

4. 若要启动定时器 T0 使其开始计数，则应将 TR0 的值设置为_____。

5. 若系统晶振频率为 12 MHz，则 T0 工作方式 1 时最多可以定时_____ μs。

6. TMOD 中 M1M0 = 11 时，定时器工作方式_____。

7. 单片机工作于定时状态时，计数脉冲来自_____。

8. 单片机工作于计数状态时，计数脉冲来自_____。

二、选择题

1. 单片机的定时器/计数器设定为工作方式 1 时，是（   ）。

   A 8 位计数器结构　　　　　　　　　　B 2 个 8 位计数器结构

   C 13 位计数器结构　　　　　　　　　　D 16 位计数器结构

2. 定时器/计数器有 4 种工作模式，它们由（   ）寄存器中的 M1、M0 状态决定。

   A TCON　　　　　B TMOD　　　　　C PCON　　　　　D SCON

3. 若单片机的振荡频率为 6 MHz，设定时器工作在方式 1 需要定时 1 ms，则定时器初值应为（   ）。

   A 500　　　　　　B 1000　　　　　　C 2^{16}−500　　　　　D 2^{16}−1000

4. 定时器 1 工作在计数方式时，其外加的计数脉冲信号应连接到（   ）引脚。

   A $P_{3.2}$　　　　　B $P_{3.3}$　　　　　C $P_{3.4}$　　　　　D $P_{3.5}$

5. 74LS138 芯片是（   ）。

   A 驱动器　　　　　B 译码器　　　　　C 锁存器　　　　　D 编码器

6. 在下列寄存器中，与定时/计数器控制无关的是（   ）。

   A TCON　　　　　B TMOD　　　　　C SCON　　　　　D IE

7. 启动定时器 0 开始计数的指令是使 TCON 的（   ）。

   A TF0 位置 1　　　B TR0 位置 1　　　C TR0 位置 0　　　D TR1 位置 0

8. 用定时器 T1 方式 1 计数，要求每计满 10 次产生溢出标志，则 TH1、TL1 的值是（   ）。

   A FFH、F6H　　　B F6H、F6H　　　C F0H、E0H　　　D FFH、DFH

9. 与开启定时器 0 中断无关的是（   ）。

   A TR0 = 1　　　　B ET0 = 1　　　　C ES0 = 1　　　　D EA = 1

10. 多位数码管显示时，（　　　）负责输出字形码，控制数码管的显示内容。

    A　显示端   B　公共端   C　位选端   D　段选端

11. 若要采用定时器0、工作方式1，如何设置TMOD（　　　）。

    A　00H   B　01H   C　10H   D　11H

12. 单片机采用方式0时是13位计数器，它的最大定时时间是（　　　）？

    A　81.92 ms   B　8.192 ms   C　65.536 ms   D　6.5536 ms

13. 单片机的定时器，若用软件启动，应使TMOD中的（　　　）。

    A　GATE位置1   B　C/T位置1   C　GATE位置0   D　C/T位置0

14. 下面哪一种工作方式仅适用于定时器T0（　　　）。

    A　方式0   B　方式1   C　方式2   D　方式3

三、简答题

1. 单片机系统时钟为6 MHz，利用T0定时2 ms，假设定时器工作在工作方式1，如何设置定时初值？

2. C51单片机的定时器/计数器有几种工作模式，简述各工作模式。

3. C51单片机定时/计数器的定时功能和计数功能有什么不同？分别应用在什么场合？

4. 软件定时与硬件定时的原理有何异同？

四、制作题

设计并制作一个简易单片机频率计，并用8位数码管显示频率值。

项目6　单片机串行通信的设计与制作

【知识目标】

1. 掌握单片机串行通信原理
2. 掌握单片机与单片机的串行通信原理
3. 掌握单片机与个人电脑（PC）机串行通信原理
4. 掌握单片机串行转并行工作原理

【能力目标】

1. 掌握单片机与单片机串行通信电路设计、焊接及调试方法
2. 掌握单片机与 PC 串口通信电路设计、焊接及调试方法
3. 掌握单片机控制串行转并行通信电路设计、焊接及调试方法

任务6.1　单片机与单片机的串行通信

6.1.1　单片机串行通信原理

1. 串行通信和并行通信

串行通信指数据一位一位按顺序传送，优点是只需一对传输线，降低了传送成本，缺点是传输速率低。

并行通信指数据的各位同时进行传送，优点是传输速率高，适合近距离传送，缺点是传输数据所需的数据线多。图 6-1 为串行通信和并行通信示意图。

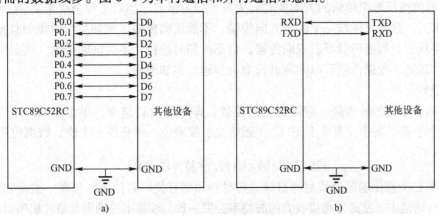

图 6-1　单片机并行通信和串行通信示意图

a）并行通信　b）串行通信

2. 同步通信和异步通信

同步通信是一种连续传送数据的通信方式，在数据开始传送前用同步字符来指示，并由时钟来实现发送端和接收端同步，检测到规定的同步字符后，就可以按顺序连续传送数据，直到通信结束。同步通信的数据帧格式见表6-1。

表6-1　同步通信数据帧格式

第1位	第2位	第3位	…	第n−1位	第n位	第n+1位	第n+2位
同步字符	数据字符1	数据字符2	…	数据字符n−1	数据字符n	校验字符	校验字符

在同步传送时，要求用时钟来实现发送端与接收端之间的同步。为了保证接收正确无误，发送方除了发送数据外，还要同时传送时钟信号。

异步通信中数据是以字符或字节为单位组成数据帧进行传送的，每一帧由起始位、数据位、校验位和停止位组成，异步通信中发送器和接收器均有各自时钟控制。异步通信数据帧格式如图6-2所示。

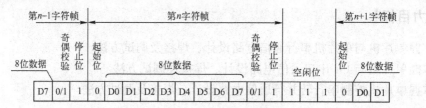

图6-2　异步通信数据帧格式

1）起始位。占用一位，用来通知接收设备待接收的字符开始到达。没有传送数据时，通信线上处于逻辑"1"状态，即空闲位。当发送1个逻辑"0"信号，表示发送端开始发送一帧数据。

2）数据位。数据信息紧跟在起始位之后，数据可以是5~8位，由低位向高位逐位传送。

3）奇偶校验位。数据位发送完后，可发送一位奇偶校验位，用来检验数据在传送过程中是否出错。

4）停止位。停止位表示传送一帧信息的结束，逻辑"1"信号表示。

3. 串行通信的传输模式

串信通信按照数据传输的方向及时间关系可分为单工、半双工和全双工。

1）单工。数据只能按一个固定方向传输，不能反向传输。例如生活中用的收音机。

2）半双工。数据传输可以双向传输，但不能同时进行，不能同时传输。例如对讲机。

3）全双工。数据传输可以同时进行双向传输。例如手机。

4. 波特率

波特率表示每秒钟传送二进制数码的位数，即数据传送速率，单位是 Bd/s。假如每秒传送120个字符，每个字符含有10位（起始位、校验位、停止位各1位，数据位7位），则波特率为：

$$120 \text{ 字符/秒} \times 10 \text{ 位/字符} = 1200 \text{ Bd/s}$$

波特率是衡量传输通道频宽的指标，与时钟频率有关，时钟频率越高，波特率越大。

在串行通信中，发送方和接收方的波特率必须一致。波特率的确定与单片机串口通信工作方式有关，单片机串口工作在何种工作方式由 SCON 的 SM0SM1 确定，在后面将详细介绍。

1）方式0。波特率固定为时钟频率的 1/12，不受 SMOD 位值影响。SMOD 为 PCON 的标志位，其值为1，表示倍频。计算公式如下：

$$波特率 = \frac{1}{12} \times f_{osc} \qquad (6\text{-}1)$$

2）方式1。波特率是可变的，其值与定时器T1的溢出率有关。计算公式如下：

$$波特率 = \frac{2^{SMOD}}{32} \times T1\text{的溢出率} \qquad (6\text{-}2)$$

3）方式2。波特率仅与SMOD位的值有关。计算公式如下：

$$波特率 = \frac{2^{SMOD}}{64} \times f_{osc} \qquad (6\text{-}3)$$

4）方式3。与方式1的计算方法一样，计算公式如下：

$$波特率 = \frac{2^{SMOD}}{32} \times T1\text{的溢出率} \qquad (6\text{-}4)$$

5. 串行接口结构

STC89RC52单片机内部集成一个可编程全双工串行接口，它可进行数据的异步传送和接收，也可作为一个同步移位寄存器。串行接口由控制电路、发送电路和接收电路3部分组成，电路如图6-3所示。

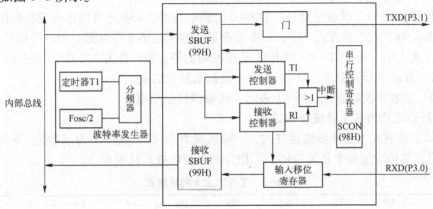

图6-3　串行口的内部结构图

其中与串行通信相关的寄存器有串行数据缓冲器（SBUF）、串行控制寄存器（SCON）、电源控制寄存器（PCON）、中断允许寄存器（IE）等。这里重点介绍串行数据缓冲器（SBUF）和串行控制寄存器（SCON）。

（1）串行数据缓冲器（SBUF）

串行数据缓冲器（SBUF）是特殊功能寄存器，地址为99H，不可位寻址。其中包括发送寄存器和接收寄存器，逻辑上这两个寄存器指的是同一个寄存器，但在物理结构上，则表示两个完全独立的寄存器。如果CPU向SBUF写数据，执行指令"MOV SUBF,A"可启动一次数据的发送，数据从发送端TXD（P3.1）输出，发送完一个字节数据后，置串行中断标志位TI=1，可向SBUF传送下一个字节数据；如果CPU向SUBF读数据，执行指令"MOV A,SBUF"，启动一次数据的读入，数据从接收端RXD（P3.0）读入，读完一个字节数据后，置串行中断标志位RI=1，可向SBUF读取下一个字节数据。

（2）串行控制寄存器（SCON）

串行控制寄存器（SCON）用于设置串行口的工作方式、工作状态、控制发送与接收的状态，它是 1 个既可位寻址也可字节寻址的寄存器，字节地址为 98H，其格式详见表 6-2，其上各位的作用介绍如下。

表 6-2　串行控制寄存器（SCON）格式

位地址	9FH	9EH	9DH	9CH	9BH	9AH	99H	98H
SCON	SM0	SM1	SM2	REN	TB8	RB8	TI	RI

1）SM0 和 SM1：这两位组合确定串口 4 种工作方式。其中工作方式 0（SM0SM1 = 00），用于同步移位寄存器输入/输出，波特率固定为 f_{osc}/12；工作方式 1（SM0SM1 = 01），用于 10 位异步收发，波特率可变；工作方式 2（SM0SM1 = 10），用于 11 位异步收发，波特率固定；工作方式 3（SM0SM1 = 11），用于 11 位异步收发，波特率可变。

2）SM2：多机通信控制位。在方式 0 中，SM2 必须设置成"0"。在方式 1 中，当处于接收状态时，若 SM2 = 1，只有接收到有效的停止位"1"时，RI 才能被激活成"1"。在方式 2 和方式 3 中，若 SM2 = 0，串行口以单机发送或接收方式工作，TI 和 RI 以正常方式被激活并产生中断请求；若 SM2 = 1，RB8 = 1 时，RI 被激活并产生中断请求。

3）REN：串行接收允许控制位。该位由软件置位或复位，当 REN = 1，允许接收；当 REN = 0，禁止接收。

4）TB8：在方式 2 和方式 3 中，TB8 是发送的第 9 位数据，其位状态表示主机发送的是地址还是数据，TB8 = 1 时表示地址，TB8 = 0 时表示数据。TB8 还可用作奇偶校验位。

5）RB8：在方式 2 和方式 3 中，RB8 是存放接收到的第 9 位数据。RB8 也可用作奇偶校验位；在方式 1 中，若 SM2 = 0，则 RB8 是接收到的停止位；在方式 0 中，该位未用。

6）TI：发送中断标志位。TI = 1 表示一帧数据发送结束。

7）RI：接收中断标志位。RI = 1 表示一帧数据接收结束。

6. 串行口工作方式 1 及波特率设置

串行口工作方式 1 是异步通信方式，一帧数据为 10 位，其中 1 为起始位、8 为数据位、1 为停止位，其传输波特率是可变的。工作方式 1 的帧格式见表 6-3。

表 6-3　工作方式 1 的帧格式

起始位	D0	D1	D2	D3	D4	D5	D6	D7	停止位

（1）以工作方式 1 发送

当串行口以方式 1 发送数据时，CPU 执行一条写发送寄存器指令"MOV　SBUF,A"，就可以将数据位逐一由 TXD 端送出，发送一帧数据后，将 TI 置"1"。

（2）以工作方式 1 接收

当串行口以方式 1 接收数据时，首先设置 *SCON* 的 REN 位为"1"，允许数据的接收。当一帧数据接收完毕，且 RI = 0、SM2 = 0 或接收到 RB8 = 1 时，接收的数据有效，此时执行指令"MOV　A,SBUF"将数据送入 CPU，同时将 RI 置"1"。若要再次发送和接收数据，必须用软件将 TI、RI 清"0"。

串行口工作方式 1 的波特率由工作方式 2 下的定时器 T1 的溢出率决定，其波特率计算公式如下：

$$\text{波特率} = \frac{2^{SMOD}}{32} \times \text{T1 的溢出率} = \frac{2^{SMOD}}{32} \times \frac{f_{osc}}{12 \times (256 - X)} \tag{6-5}$$

式中　SMOD——特殊功能寄存器（PCON）中的最高位。当 SMOD = 1 时，表示波特率加倍；SMOD = 0 时，表示波特率不加倍。

X——定时器 T1 的初值；

f_{osc}——晶振频率。例如要求单片机串口波特率为 2400 Bd/s，则定时器 T1 于工作方式 2 的初始值为：

$$X = 256 - \frac{11.0592\,\mathrm{MHz}}{2400 \times 12 \times 32} = 244 = \mathrm{F4H} \tag{6-6}$$

注意在计算过程中使用的晶振频率 f_{osc} 是 11.0592 MHz，而不是 12 MHz。因为使用 12 MHz 计算出的波特率不为整数，为了减少波特率误差，选用频率为 11.0592MHz 的晶振。

6.1.2 设计和焊接单片机与单片机串行通信接口电路

1. 电路设计

对单片机甲、乙双机进行串行通信，单片机甲和单片机乙的 RXD 和 TXD 交叉连接，单片机甲的 P1 端口接 8 个开关 S1~S8，单片机乙的 P1 端口接 8 个发光二极管 D1~D8。单片机甲设置为只能发送而不能接收的单工方式。单片机甲读入 P1 端口的 8 个开关状态后，通过串行口发送到单片机乙，单片机乙将接收到的单片机甲的 8 个开关的状态数据送入 P1 端口，由 P1 端口的 8 个发光二极管来显示 8 个开关的状态。单片机与单片机串行通信接口电路如图 6-4 所示。

2. 准备元器件及工具

本任务需要焊接其外围接口电路，所需的元器件及工具详见表 6-4。

表 6-4 单片机与单片机的串行通信接口电路所需元器件

序号	电路组成	元件名称	规格或参数	数量
1	最小系统	电阻	10 kΩ	2 个
2		排阻	10 kΩ	1 个
3		电解电容	10 μF	1 个
4		瓷片电容	30 pF	2 个
5		晶振	12 MHz	1 个
6		万用板	5 cm×7 cm	1 块
7		DIP40 锁紧座	40PIC	1 个
8		常开轻触开关	6×6×5 微动开关	1 个
9		发光二极管	3 mm、红色	1 个
10		自锁开关	8×8	1 个
11		USB 插座	A 母	1 个
12		排针	40 针	1 个
13		晶振底座	3 针圆孔插座	1 个
14	焊接工具	焊烙铁	50 W 外热式	1 把
15		焊锡丝	0.8 mm	若干
16		斜口钳	5 寸	1 把
17		镊子	ST-16	1 个
18		吸锡器		1 把
19	外围电路	发光二极管	3 mm、黄色	8 个
21		电阻	220 Ω	8 个
22		电阻	10 kΩ	8 个
23		拨码开关	8P（2.54 mm 脚间距）	1 个
24		排针	40 针	1 条
25		万用板	5 cm×7 cm	1 个

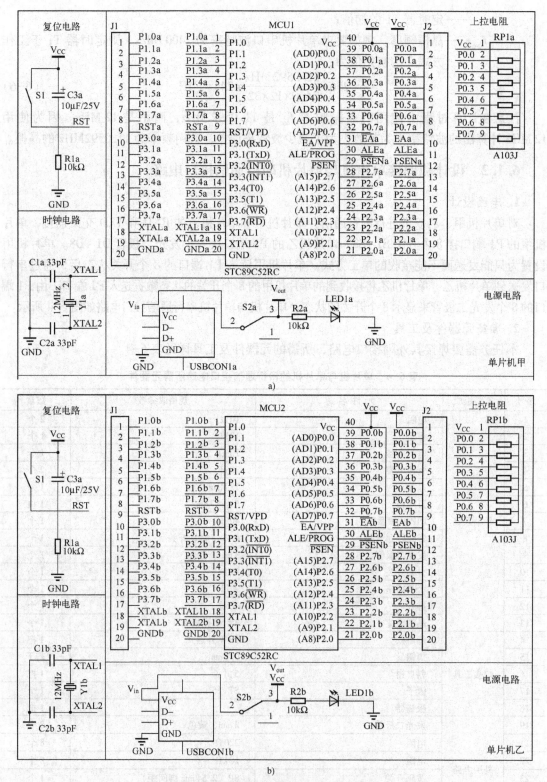

图 6-4　单片机与单片机的串口通信接口电路

a) 单片机与单片机的串口通信 1　　b) 单片机与单片机的串口通信 2

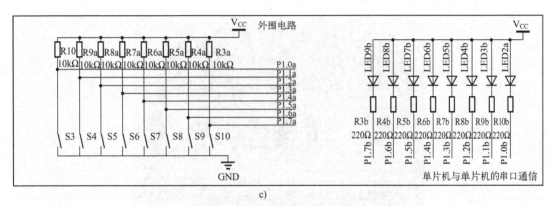

c)

图 6-4 单片机与单片机的串口通信接口电路（续）

c）单片机与单片机的串口通信 3

3. 检测元器件

本任务需要检测发光二极管的阳极和阴极，确定拨码开关的引脚。

本任务需要检测发光二极管，确定发光二极管的阳极和阴极，具体检测方法可以参考任务 1.2.2 小节中发光二极管的检测与识别。另外还需确定拨码开关的引脚，拨码开关每一个键对应两个引脚，将拨码开关拨至 ON 一侧，下面两个引脚接通，反之两个引脚断开。具体检测方法可以将万用表旋钮拨至蜂鸣挡，分别用红、黑表笔接触拨码开关两引脚。如果万用表响，表示拨码开关已拨至 ON 一侧；如果万用表不响，则表示拨码开关已拨至另一侧。

4. 焊接电路

根据图 6-4 可知，需要两块单片机最小系统。单片机甲的 P1 端口外接 8 个开关 S1～S8，单片机乙的 P1 端口外接 8 个发光二极管 D1～D8。单片机甲和单片机乙的串行端口互连，单片机甲将开关状态读取，通过串行通信方式发送到单片机乙，单片机乙接收到信息后，用 8 个发光二极管显示。两个单片机最小系统在这里不需要另外焊接（任务 1.2 中已制作过），8 个发光二极管外围电路也不需要焊接（任务 2.3 已制作过），这里只需要焊接拨码开关组成的外围电路。焊接完的电路如图 6-5、图 6-6、图 6-7 和图 6-8 所示。

图 6-5 串行通信外围拨码开关接口电路的正面

图 6-6 串行通信外围拨码开关接口电路的反面

图 6-7 串行通信外围显示接口电路的正面

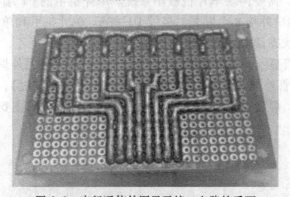

图 6-8 串行通信外围显示接口电路的反面

6.1.3 编程实现单片机与单片机的串行通信

1. 编程任务

编程实现单片机甲读取外部按键的状态，并通过串行通信工作方式 1，以波特率 2400 Bd/s 速度发送到单片机乙，单片机乙将接收到的单片机甲外部按键的状态数据，用外部 8 个发光二极管显示。

2. 编程思路

本任务的编程包含两部分，一部分是单片机甲串行通信以发送信息，另一部分是单片机乙串行接收信息。任务要求两机以串行通信工作方式 1，比特率为 2400 Bd/s 进行数据传送。编程前首先确定串口控制寄存器（SCON）的值，定时器 T1 工作于方式 2 下求出寄存器初值。根据式 6-1 和式 6-2 可计算出定时器 T1 初始值为 TH1＝TL1＝244＝F4H。

单片机甲串行通信以发送信息的程序如下：

```
#include<reg52. h>              //头文件
#define uchar unsigned char      //定义 unsigned char 为 uchar
#define uint   unsigned int      //定义 unsigned int 为 uint
void main( void)                 //主函数
{ SCON = 0x40;                   //设置串行口工作方式 1
TMOD = 0x20;                     //设置定时器 T1 工作方式 2
TH1 = 0xf4;                      //波特率 2400 Bd/s
TL1 = 0xf4;
TR1 = 1;                         //启动定时器 T1
TI = 0;                          //串行发送中断标志位置"0"
P1 = 0xff;                       //单片机甲 P1 端口外接拨码开关，读开关之前给端口赋"1"
while( 1)                        //无限循环
{ SBUF = P1;                     //串行缓冲寄存器读取 P1 端口值
  while( ! TI);                  //查询法判断串行发送是否结束
  TI = 0;}}                      //串行发送中断标志位置"0"
```

单片机乙串行通信接收信息的程序如下：

```
#include<reg52. h>              //头文件
#define uchar unsigned char      //定义 unsigned char 为 uchar
#define uint   unsigned int      //定义 unsigned int 为 uint
#define LED P1                   //P1 端口定义为 LED
void main( void)                 //主函数
{SCON = 0x50;                    //设置串行口工作方式 1，允许接收
TMOD = 0x20;                     //设置定时器 1 工作方式 2
TH1 = 0xf4;                      //波特率 2400 Bd/s
TL1 = 0xf4;
TR1 = 1;                         //启动定时器 T1
P1 = 0xff;                       //单片机乙 P1 端口外接 8 个 LED 灯
while( 1)                        //无限循环
{if( RI = = 1)                   //查询法判断串行接收是否结束
  {RI = 0;                       //串行接收中断标志位置"0"
LED = SBUF;} } }                 //LED 灯显示接收缓冲器内容
```

3. 下载程序、连接电路和观察实验结果

编译源程序，生成 HEX 文档，将其下载到 STC 单片机中。本任务中用到两块单片机最小系统，单片机甲的 P1 端口用 8 根导线与拨码开关连接，单片机乙的 P1 端口用 8 根导线与 8 个 LED 灯连接，单片机甲与单片机乙的串行端口用两根导线互连，注意单片机甲的 TXD 与单片机乙的 RXD 连接，单片机甲的 RXD 与单片机乙的 TXD 连接。图 6-9、图 6-10、

图 6-11 和图 6-12 为单片机甲与单片机乙串行通信效果图。

图 6-9　将拨码开关拨 1 则数码管亮显 1

图 6-10　将拨码开关拨 2 时数码管亮显 2

图 6-11　将拨码开关拨 3 时数码管亮显 3

图 6-12　将拨码开关拨 8 时数码管亮显 8

任务 6.2　单片机与 PC 的串行通信

6.2.1　单片机与 PC 的串行通信设计

1. 单片机串行通信接口设计

单片机的串行通信接口设计，需要事先确定串行通信双方的传输速率和通信距离。通信距离不同，串行口的电路连接方式也不同。如果通信距离很近，可以选择 TTL 电平传输，也就是将甲机的 RXD 与乙机的 TXD 端相连，乙机的 RXD 与甲机的 TXD 端相连，如图 6-13 所示。

这种传输方式抗干扰性差，传输距离短，传输效率低。为了提高串行通信的可靠性，增大串行通信的距离和提高传输速率，可采用标准串行接口，如 RS-232C、RS-485 等，其接口连接方式如图 6-14 所示。

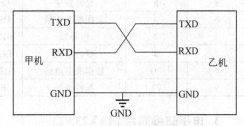

图 6-13　TTL 双机通信接口电路

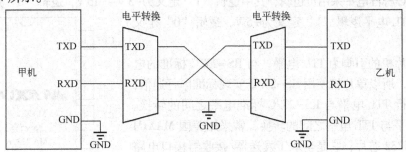

图 6-14　标准串行接口电路

2. RS-232C 串行通信接口

RS-232C 接口实际上是一种串行通信标准，是电子工业学会（EIA）在 1969 年推出的。它是目前 PC 与通信工业中应用最广泛的一种串行接口。它适用于数据传输速率在 0 ~

20 kbit/s 范围内的通信领域，最大传输距离 15 m。

目前较为常用的 RS232C 接口连接器有 9 针串口（DB-9）和 25 针串口（DB-25）两种，其 9 针串口外形图如图 6-15 所示。

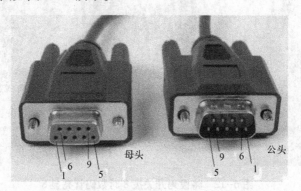

图 6-15　DB-9 针串口

在计算机与终端设备通信的过程中一般只使用 3~9 根信号线，DB9 和 DB25 常用引脚说明见表 6-5。

表 6-5　DB9 和 DB25 常用引脚说明

DB9 引脚	DB25 引脚	信号名称	符号	功　能
3	2	发送数据	TXD	发送串行数据
2	3	接收数据	RXD	接收串行数据
7	4	发送请求	RTS	请求将线路切换到发送方式
8	5	允许发送	CST	线路已接通，可以发送数据
6	6	数据准备就绪	DSR	准备就绪
5	7	信号地	SGND	信号公共地
1	8	载波检测	DCD	接收到远程载波
4	20	数据准备就绪	DTR	准备就绪
9	22	振铃指示	RI	数据通信线路接通，终端设备被呼叫

3. 电平转换芯片 MAX232

RS-232C 标准电平采用负逻辑，其中逻辑"1"定义为-3 V~-15 V，逻辑"0"定义为+3 V~+15 V。而 TTL 电平逻辑"1"定义为+5 V，逻辑"0"定义为 0 V。

由于单片机的引脚为 TTL 电平，与 RS-232C 标准的电平互不兼容，所以单片机使用 RS-232C 实现标准串行通信，因此必须进行 TTL 电平与 RS-232C 标准电平之间的转换。RS-232C 电平与 TTL 电平之间的转换，常采用美国 MAXIM 公司的 MAX232 芯片，它是全双工发送器/接收器接口电路芯片，其引脚如图 6-16 所示。MAX232 芯片内部有自升压的电平倍增电路，将+5 V 转换成-10 V~+10 V，以满足 RS-232C 标准对逻辑"1"和逻辑"0"的电平要求，片内有 2 个发送器，2 个接收器，有 TTL 信号输入 \ RS232C 输出的功能，也有 RS-232C 输入 \ TTL 输出的功能。

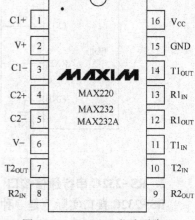

图 6-16　MAX232 芯片引脚

174

6.2.2　设计和焊接单片机与PC的串行通信接口电路

1. 电路设计

单片机与PC进行串行通信，其接口电路需要电平转换芯片MAX232、DB9连接器母头。单片机向PC发送信息，PC向单片机回传信息，并用P0端口连接的LED灯显示PC发送的信息，接口电路如图6-17所示。

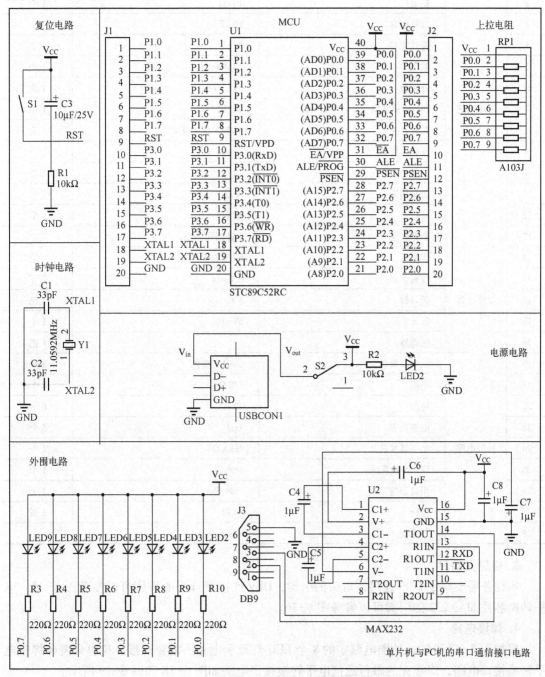

图6-17　单片机与PC的串口通信接口电路

2. 准备元器件及工具

本任务需要焊接外围接口电路，所需的元器件及工具见表6-6。

表6-6　单片机与PC串行通信接口电路所需元器件

序号	电路组成	元件名称	规格或参数	数量
1	最小系统	电阻	10 kΩ	2个
2		排阻	10 kΩ	1个
3		电解电容	10 μF	1个
4		瓷片电容	30 pF	2个
5		晶振	12 MHz	1个
6		万用板	5 cm×7 cm	1块
7		DIP40锁紧座	40PIC	1个
8		常开开关	6×6×5微动开关	1个
9		发光二极管	3 mm、红色	1个
10		自锁开关	8×8	1个
11		USB插座	A母	1个
12		排针	40针	1个
13		晶振底座	3针圆孔插座	1个
14	焊接工具	焊烙铁	50 W外热式	1把
15		焊锡丝	0.8 mm	若干
16		斜口钳	5寸	1把
17		镊子	ST-16	1个
18		吸锡器		1把
19	外围电路	发光二极管	3 mm、黄色	8个
21		电阻	220 Ω	8个
22		电阻	10 kΩ	6个
23		电解电容	1 μF	5个
24		电平转换芯片	MAX232	1个
25		DIP16锁紧座	16PIC	1个
26		串口插座	DB9母头	1个
27		排针	40针	1条
28		万用板	5 cm×7 cm	1个

3. 检测元器件

本任务需要确定DB9连接器母头的引脚，DB9连接器母头的引脚可以参考图6-15。电平转换芯片MAX232的引脚可以参考图6-16。

4. 焊接电路

根据图6-17可知，外围电路中的8个LED灯显示电路不需要焊接，这里只需要焊接电平转换接口电路，焊接完的串行通信电平转换接口电路如图6-18和图6-19所示。

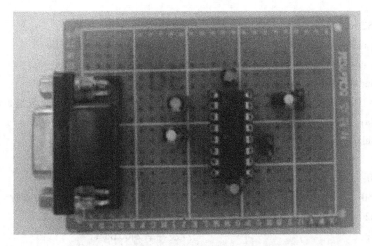

图 6-18　串行通信电平转换接口电路的正面

图 6-19　串行通信电平转换接口电路的反面

6.2.3　编程实现单片机与 PC 的串行通信

1. 编程任务

单片机向 PC 发送数据，并用外接的 LED 灯显示 PC 发送过来的数据和回发接收到的数据。

2. 编程思路

从编程任务中可以得知，单片机既要向 PC 发送数据，又要接收 PC 发送来的数据。主程序依次将要发送的数据发送给 PC，每发送一帧数据，查询发送中断标志位是否为"1"，为"1"表示一帧数据发送完毕，就继续发送下一个数据，并用 LED 灯显示 PC 发送过来的数据。接收数据用串口中断形式实现，中断函数完成存储接收的数据，并回发接收到的数据；同时设置串口工作于方式 1，允许接收，定时器 1 工作于方式 2，波特率为 2400 Bd/s。其相应源程序如下：

```c
#include<reg52.h>                              //头文件
#define uchar unsigned char                    //定义 unsigned char 为 uchar
#define uint   unsigned int                    //定义 unsigned int 为 uint
void delay(uint t);                            //延时函数声明
uchar dis[ ]={0x00,0x01,0x02,0x04,0x08,0x10,0x20,0x40,0x80};   //定义数组 dis
uchar rec_data;                                //定义无符号字符变量 rec_data
void main(void)                                //主函数
{int i;                                        //定义局部变量 i
  rec_data=0;                                  //变量 rec_data 赋初值"0"
  SCON=0x50;                                   //设置串口工作于方式 1，允许接收
  TMOD=0x20;                                   //设置定时器 1 工作于方式 2
  TH1=0xf4;                                    //波特率 2400 Bd/s
  TL1=0xf4;
  EA=1;                                        //总中断开关打开
  ES=1;                                        //允许串行中断
  TR1=1;                                       //启动定时器 1
  while(1)                                     //无限循环
  {for(i=0;i<9;i++)                            //单片机将数组 dis 中元素通过串口发出
    {SBUF=dis[i];                              //单片机串口缓冲器存放数组中元素
      while(!TI);                              //等待数据发送
      TI=0;                                    //清除数据发送标志
      P0=rec_data;                             //单片机 P0 端口连接的 LED 灯显示 PC 通过串口发
                                               //  送过来的数据

      delay(1000);}                            //延时 1s
  }
}
void serial(void) interrupt 4                  //串行中断服务子函数 serial
{if(RI==1)                                     //判断串行中断接收标志位是否为"1"
  {RI=0;                                       //串行中断接收标志位置"0"
    rec_data=SBUF;                             //储存接收到的数据
    SBUF=rec_data;                             //回发接收到的数据
    while(TI==0);                              //判断发送是否结束
    TI=0;}                                     //串行发送中断标志位置"0"
}
void delay(uint t)                             //延时 t×1 ms，针对 12 MHz 情况
{    uchar i;
     while(--t)
     {for(i=124;i>0;i--);}
     }
```

3. 下载程序、连接电路和观察实验结果

编译源程序，生成 HEX 文档，将其下载到 STC 单片机中。单片机通过串口向 PC 发送信息，同时接收 PC 发送过来的信息，再通过外接 8 个 LED 灯显示接收 PC 发送过来的信

息。串行通信调试软件有很多，这里使用的是 STC-ISP 软件串口助手。

1）双击打开 STC-ISP 软件，打开串口助手窗口，如图 6-20 所示。

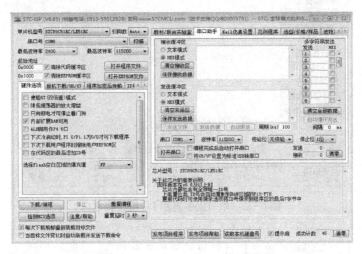

图 6-20　STC-ISP 软件串口助手窗口

2）在串口助手窗口，如图 6-21 所示。在"串口"下拉列表框中选择"com12"，这里串口号应与设备管理器中的串口号一致。在"波特率"下拉列表框中选择"2400"，勾选"编程完成后自动打开串口"复选框。

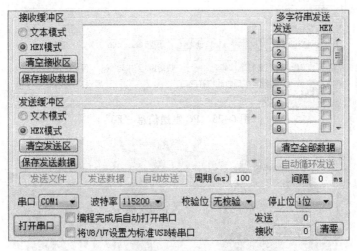

图 6-21　串口助手窗口

3）单击图 6-21 中"打开串口"按钮，在串口助手窗口的接收缓冲区显示单片机发送过来的内容，如图 6-22 所示。

4）在串口助手窗口的发送缓冲区空白处输入二进制值"F0"，单击"发送数据"按钮后，在接收缓冲区数据"01"后显示数据"F0"，这是 PC 发送给单片机，又由单片机发送给 PC，如图 6-23 所示。此时，单片机外接 8 个 LED 灯显示接收到的信息，如图 6-24 所示。

5）在串口助手窗口的发送缓冲区空白处输入二进制值"55"，单击"发送数据"按钮后，在接收缓冲区数据"04"后显示数据"F0"和"55"，这是 PC 发送给单片机，又由单片机发

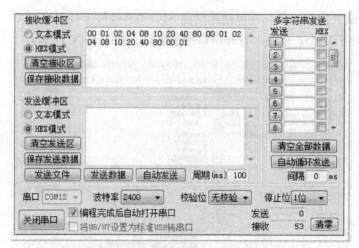

图 6-22　串口助手显示 PC 机接收信息

图 6-23　PC 发送信息"F0"

图 6-24　单片机显示 PC 发送的信息

送给 PC，如图 6-25 所示。此时，单片机外接 8 个 LED 灯显示接收到的信息，如图 6-26 所示。

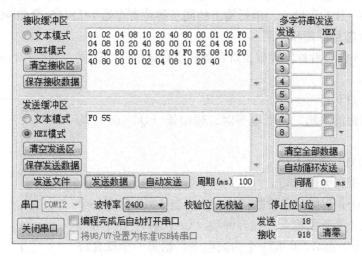

图 6-25　PC 发送信息 "F0" 和 "55"

图 6-26　单片机显示 PC 发送的信息

任务 6.3　单片机串行转并行通信

6.3.1　74LS164 芯片的原理及使用方法

1. 串口工作方式 0

串口工作方式 0 主要用于扩展并行 I/O 接口，单片机的 RXD（P3.0）作为数据移位的入口和出口，TXD（P3.1）作为移位脉冲。移位数据的发送和接收以 8 位为一组，低位在前高位在后。使用方式 0 实现数据的移位输入输出时，实际上是把串口变为并口使用。串口作为并行输出口使用时，要有"串入并出"的移位寄存器配合。扩展成并行输出口时，需要外接一片 8 位串行输入并行输出的同步移位寄存器 74LS164 或 CD4094。扩展成并行输入口时，需要外接一片并行输入、串行输出的同步移位寄存器 74LS165 或 CD4014。

2. 74LS164 芯片原理和作用

74LS164 是 8 位边沿触发式移位寄存器，串行通信输入数据，然后并行通信输出。管脚如图 6-27 所示。

其引脚定义如下：

1）$\overline{MR}$ 引脚为清除端，为低电平时，输出端（Q0～Q7）均为低电平。

2）CP 引脚为时钟输入端。

3）Q0～Q7 引脚为输出端。

4）DSA 和 DSB 引脚为串行数据输入端。当 A，B 任意一个为低电平，则禁止新数据输入，在时钟端（CP）脉冲上升沿作用下 Q0 为低电平。当 A，B 有一个为高电平，则另一个就允许输入数据，并在时钟上升沿作用下决定 Q0 的状态。

5）V_{CC} 引脚为电源端，GND 接地端。

74LS164 真值见表 6-7。

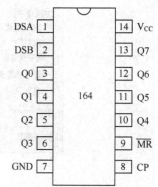

图 6-27　74LS164 引脚图

表 6-7　74LS164 真值表

输　　入			输　　出							
MR	CP	DSA\DSB	Q0	Q1	Q2	Q3	Q4	Q5	Q6	Q7
0	X	X X	0	0						0
1	↑	X X	无变化							
1	↑	1 D	D	Qan						Qgn
1	↑	D 1	D	Qan						Qgn
1	↑	0 0	0	Qan						Qgn

6.3.2　设计和焊接单片机串行转并行通信接口电路

1. 电路设计

当单片机的 I/O 端口不够时，可以使用 74LS164 芯片扩展单片机的 I/O 端口。74LS164 是 8 位边沿触发式移位寄存器，串行通信输入数据，并行通信输出数据。任务 6.3 要求单片机以串口工作方式 0，通过 74LS164 的输出来控制一个 8 段数码管显示字符。当串口被设置在方式 0 输出时，串行数据由 RXD 端（P3.0）送出，移位脉冲由 TXD 端（P3.1）送出。在移位脉冲的作用下，串行口发送缓冲器的数据逐位地从 RXD 端串行地移入 74LS164 中。

根据上述 74LS164 的工作原理及单片机串口工作方式原理，单片机串行转并行通信接口电路设计如下：74LS164 的 1、2 引脚（DSA、DSB）接单片机的 P3.0 引脚（RXD），74LS164 的 8 引脚（CP）接单片机的 P3.1 引脚（TXD），74LS164 的 9 引脚（$\overline{MR}$）接 V_{CC}，74LS164 的 3、4、5、6、10、11、12、13（Q0～Q7）接数码管的段选端。单片机串行转并行通信接口电路如图 6-28 所示。

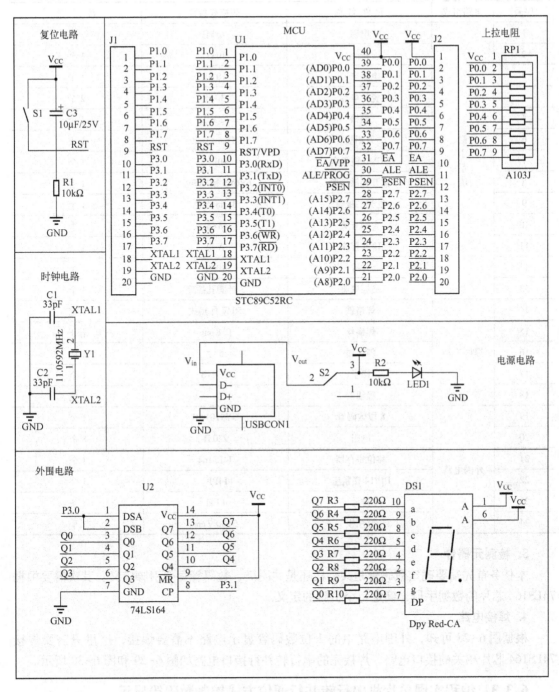

图 6-28 单片机串行通信转并行通信接口电路

2. 准备元器件及工具

本任务需要焊接单片机串行转并通信的接口电路，所需的元器件及工具见表 6-8。

表 6-8　单片机串行转并行通信电路所需元器件

序号	电路组成	元件名称	规格或参数	数量
1	最小系统	电阻	10 kΩ	2 个
2		排阻	10 kΩ	1 个
3		电解电容	10 μF	1 个
4		瓷片电容	30 pF	2 个
5		晶振	12 MHz	1 个
6		万用板	5 cm×7 cm	1 块
7		DIP40 锁紧座	40PIC	1 个
8		常开轻触开关	6×6×5 微动开关	1 个
9		发光二极管	3 mm 红色	1 个
10		自锁开关	8×8	1 个
11		USB 插座	A 母	1 个
12		排针	40 针	1 个
13		晶振底座	3 针圆孔插座	1 个
14	焊接工具	焊烙铁	50 W 外热式	1 把
15		焊锡丝	0.8 mm	若干
16		斜口钳	5 寸	1 把
17		镊子	ST-16	1 个
18		吸锡器		1 把
19	外围电路	8 段数码管	GY5101AB	1 个
20		电阻	220 Ω	8 个
21		移位寄存器	74LS164	1 个
22		DIP14 锁紧座	14PIC	1 个
23		排针	40 针	1 条
24		万用板	5 cm×7 cm	1 个

3. 检测元器件

本任务首先需要确定数码管是共阳极还是共阴极,数码管每个引脚定义;其次需要根据 74LS164 芯片的数据手册,确定每个引脚的定义。

4. 焊接电路

根据图 6-28 可知,外围电路中的 1 位数码管显示电路不需要焊接,这里只需要焊接 74LS164 芯片相关的接口电路,焊接完的串行转并行接口电路如图 6-29 和图 6-30 所示。

6.3.3　编程实现单片机串行转并行通信方式控制数码管显示

1. 编程任务

单片机串口工作在方式 0 时通过 74LS164 的输出控制一个 8 段数码管循环显示字符"0" ~ "9"。

图 6-29　单片机串行转并行接口电路的正面

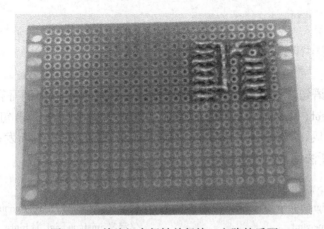

图 6-30　单片机串行转并行接口电路的反面

2. 编程思路

单片机串口工作在方式 0 且执行将数据写入发送缓冲器 SBUF 的指令时，产生一个正脉冲，串口开始把 SBUF 中 8 位数据以 $f_{osc}/12$ 的固定波特率从 RXD 引脚以低位在先的方式串行输出，TXD 引脚输出同步移位脉冲，当 8 位数据发送完，中断标志位 TI 置 "1"。具体编程思路是：首先将单片机串口设置为工作方式 0；再将数码管要显示的数据依次写入发送缓冲器 SBUF；最后检测中断标志位 TI 是否为 "1"，如果检测为 "1"，表示发送数据完毕，否则数据继续发送。检测中断标志位 TI 是否为 "1" 有查询法和中断法两种方法。

1）使用串口查询法编写的程序如下：

```
#include<reg52. h>                              //头文件
#define uchar unsigned char                     //定义 unsigned char 为 uchar
#define uint   unsigned int                      //定义 unsigned int 为 uint
void delay(uint t);                              //延时函数声明
uchar code LEDSEG[ ] = {0xc0,0xf9,0xa4,0xb0,0x99,0x92,0x82,0xf8,0x80,0x90};  //定义数组
void main(void)                                 //主函数
{ uchar i;                                      //无符号字符变量 i
```

```
      SCON = 0x00;                                    //设置串口工作方式 0
      while(1)                                         //无限循环
      {i=0;                                            //变量赋值"0"
        while(i<sizeof(LEDSEG))
        {SBUF = LEDSEG[i];                             //数据依次写入发送缓冲器 SBUF
          while(TI == 0);                              //查询法判断数据发送是否完毕
          TI = 0;                                      //发送中断标志位置"0"
          delay(1000);                                 //延时 1 s
          i++;}                                        //变量 i 加"1"
    }
    }
    void delay(uint t)                                 //延时 t×1 ms，针对 12 MHz
    {    uchar i;
        while(--t)
        {for(i=124;i>0;i--);}}
    }
```

上述程序中的语句"SCON = 0X00"用于设置单片机串行口控制寄存器工作方式为 0，语句"while(i<sizeof(LEDSEG))"用于判断字符显示是否完毕，语句"SBUF = LEDSEG[i]"将数码管要显示的数据写入 SBUF，语句"while(TI == 0)"判断发送是否完毕。

2）用串口中断法编写的程序如下：

```
#include<reg52.h>                                      //头文件
#define uchar unsigned char                            //定义 unsigned char 为 uchar
#define uint unsigned int                              //定义 unsigned int 为 uint
void delay(uint t);                                    //延时函数声明
uchar i = 0;                                           //无符号字符变量 i
uchar code LEDSEG[] = {0xc0,0xf9,0xa4,0xb0,0x99,0x92,0x82,0xf8,0x80,0x90};  //定义数组
void main(void)                                        //主函数
{SCON = 0x00;                                          //设置串口工作方式 0
 EA = 1;                                               //设置中断以允许开关
 ES = 1;                                               //设置串口中断以允许开关
 while(1)                                              //无限循环
 {SBUF = LEDSEG[i];                                    //数据依次写入并被发送至缓冲器 SBUF
    delay(1000);}                                      //延时 1 s
}
void serial() interrupt 4 using 0                      //串行中断服务子函数 serial
{ TI = 0;                                              //串行发送中断标志位置"0"
  i++;                                                 //显示下一个数值
  if(i>9)                                              //变量 i 为 9 置"0"
  {i=0;}                                               
}
void delay(uint t)                                     //延时 t×1 ms，针对 12 MHz
```

```
{       uchar i;
        while(--t)
        {for(i=124;i>0;i--);}
        }
```

3. 下载程序、连接电路和观察实验结果

编译源程序，生成 HEX 文档，将其下载到 STC 单片机中。用 2 根导线将单片机的 P3.0 和 P3.1 引脚分别与 74LS164 的 1 引脚和 8 引脚连接起来，用 8 根导线将 74LS164 的 Q0~Q7 与数码管的段选端连接起来。打开电源，实验结果如图 6-31、图 6-32、图 6-33 和图 6-34 所示。

图 6-31   单片机串行通信方式转并行通信方式显示字符 "1"

图 6-32   单片机串行通信方式转并行通信方式显示字符 "4"

图 6-33   单片机串行通信方式转并行通信方式显示字符 "6"

图 6-34　单片机串行通信方式转并行通信方式显示字符 "9"

项目小结

通过本项目的学习，掌握单片机串口通信的基本原理，4 种不同串口工作方式波特率计算方法，串口通信相关寄存器设置方法。通过实践练习，掌握单片机与单片机、单片机与 PC 通信的电路设计，并能编写串口发送端程序和串口接收端程序。

习题与制作

一、填空题

1. 在串行通信中，根据数据传送方向可分为_____、_____和_____。

2. 使用定时器/计数器设置串行通信的波特率时，应把定时器/计数器设定工作方式_____，即_____方式。

3. 串口传送数据的帧格式由 1 个起始位 "0"，7 个数据位，1 个偶校验位和 1 个停止位 "1" 组成。当该串行口每分钟传送 1800 个字符，则波特率应为_____。

4. 异步串行数据通信的帧格式由_____位、_____位、_____位和_____位组成。

5. 串口工作方式 2 接收到的第 9 位数据送_____寄存器的_____位中保存。

6. 方式 0 时，串行接口为_____寄存器的输入输出方式，主要用于扩展_____输入或输出接口。

7. 在串行通信中_____和_____的波特率是固定的，而_____和_____的波特率是可变的。

二、选择题

1. 串行通信的传送速率单位为波特，而波特的单位是（　　　）。

　　A　字符/秒　　　　　B　位/秒　　　　　C　帧/秒　　　　　D　帧/分

2. 帧格式为 1 个起始位、8 个数据位和 1 个停止位的异步串行通信方式是（　　　）。

　　A　方式 0　　　　　B　方式 1　　　　　C　方式 2　　　　　D　方式 3

3. 串行通信工作方式 1 的波特率是（　　）。

    A　固定的，为时钟频率的 1/12

    B　固定的，为时钟频率的 1/32

    C　固定的，为时钟频率的 1/64

    D　可变的，通过定时器/计数器的溢出率设定

4. 要使 C51 单片机能够响应定时器 T1 中断和串口中断，它的中断允许寄存器 IE 的内容应是（　　）。

    A　98H　　　　　B　84H　　　　　C　42H　　　　　D　22H

5. 串行通信中，发送和接收寄存器是（　　）。

    A　TMOD　　　　　B　SBUF　　　　　C　SCON　　　　　D　DPTR

6. 控制串行口工作方式的寄存器是（　　）。

    A　TMOD　　　　　B　PCON　　　　　C　SCON　　　　　D　TCON

7. 串行口每一次传送（　　）字符。

    A　1 个　　　　　B　1 串　　　　　C　1 帧　　　　　D　1 波特

8. 单片机串口发送/接收中断源的工作过程是：当串口接收或发送完 1 帧数据时，将 SCON 中的（　　），向 CPU 申请中断。

    A　RI 或 TI 置 1　　　　　　　　B　RI 或 TI 置 0

    C　RI 置 1 或 TI 置 0　　　　　　D　RI 置 0 或 TI 置 1

9. RS-232C 标准规定信号 "0" 和 "1" 的电平是（　　）。

    A　0 V 和 +3 V～+15 V　　　　　　B　-3 V～-15 V 和 0 V

    C　+3 V～+15 V 和 -3 V～-15 V　　D　+3 V～+15 V 和 -0 V

10. 单片机串口接收数据的次序是下述的顺序（　　）。

（1）接收完一帧数据后，硬件自动将 SCON 的 RI 置 "1"

（2）用软件将 RI 清零

（3）接收到的数据由 SBUF 读出

（4）置 SCON 的 REN 为 "1"，外部数据由 RXD 输入

    A　（1）（2）（3）（4）　　　　　B　（4）（1）（2）（3）

    C　（4）（3）（1）（2）　　　　　D　（3）（4）（1）（2）

11. 单片机串口用工作方式 0 时（　　）。

    A　数据从 RXD 串行输入，从 TXD 串行输出

    B　数据从 RXD 串行输出，从 TXD 串行输入

    C　数据从 RXD 串行输入或输出，同步信号从 TXD 输出

    D　数据从 TXD 串行输入或输出，同步信号从 RXD 输出

12. 串行口的控制寄存器 SCON 中，REN 的作用是（　　）。

    A　接收中断请求标志位　　　　　B　发送中断请求标志位

    C　串行口允许接收位　　　　　　D　地址/数据位

13. 以下所列特点中，不属于串口工作方式 2 的是（　　）。

    A　11 位帧格式　　　　　　　　　B　有第 9 数据位

    C　使用一种固定的波特率　　　　D　使用两种固定的波特率

三、问答题

1. C51 单片机串口有几种工作方式？由什么寄存器决定？

2. 若单片机系统的晶振频率为 11.0592 MHz，串口用工作方式 1，波特率为 4800 bitBd/s 时，请写出 T1 作为波特率发生器的方式控制字和计数初值。

3. 单片机的串行数据缓冲器只有一个地址，如何判断是发送信号还是接收信号？

四、制作题

任务：单片机外部中断口 P3.2 接按键 K，按键 K 被按下，单片机通过串口向 PC 发送英文字符串 "I like single chip microcomputer"，按键 K 再次被按下时，单片机停止发送字符串。画出实现该任务的电路图，并编写程序，最后下载执行文件以观察结果。

项目 7　基于单片机的 D/A 和 A/D 的设计与制作

【知识目标】

1. 掌握 D/A 转换原理
2. 掌握 A/D 转换原理
3. 了解常见的 A/D 和 D/A 转换芯片

【能力目标】

1. 掌握 D/A 转换电路设计、焊接及调试方法
2. 掌握 A/D 转换电路设计、焊接及调试 方法

任务 7.1　基于单片机的 D/A 简易信号发生器

7.1.1　D/A 转换的基本原理

1. D/A 转换的基本原理

D/A 转换就是将数字量转换成模拟量。D/A 转换的基本原理是用电阻解码网络将 N 位数字量逐位转换成模拟量并求和。根据转换原理可分为权电阻网络型 D/A 转换器、权电流型 D/A 转换器、倒 T 形电阻网络型 D/A 转换器。图 7-1 是 4 位 $R-2R$ 倒 T 形电阻网络型 D/A 转换器，由 S0~S3 为模拟开关。呈倒 T 形的 $R~2R$ 电阻网络和运算放大器 A 组成求和电路。

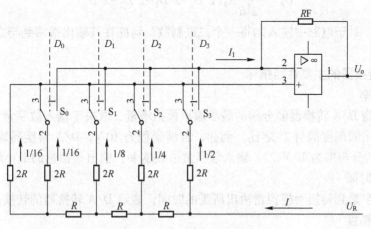

图 7-1　倒 T 形电阻网络

模拟开关 S_i 由输入数码 D_i 控制，当 $D_i = 1$ 时，S_i 接运算放大器反相端，电流 I_i 流入求和电路；当 $D_i = 0$ 时，S_i 则将电阻 $2R$ 接地。根据运算放大器线性应用时虚地的概念可知，无论模拟开关 S_i 处于何种位置，与 S_i 相连的 $2R$ 电阻均将连"地"。这样，流经 $2R$ 电阻的电流与开关位置无关，其等效电路如图 7-2 所示。

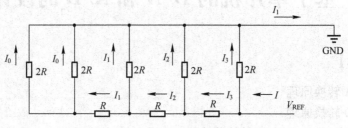

图 7-2　倒 T 形电阻网络型等效电路

分析上述 R-$2R$ 电阻型网络可知：

$$I_0 = \frac{1}{2}I_1 = \frac{1}{2^4}\frac{V_{REF}}{R} \tag{7-1}$$

$$I_1 = \frac{1}{2}I_2 = \frac{1}{2^3}\frac{V_{REF}}{R} \tag{7-2}$$

$$I_2 = \frac{1}{2}I_3 = \frac{1}{2^2}\frac{V_{REF}}{R} \tag{7-3}$$

$$I_3 = \frac{1}{2}I_i = \frac{1}{2}\frac{V_{REF}}{R} \tag{7-4}$$

各支路的总电流为

$$I_i = I_0 + I_1 + I_2 + I_3 = \frac{1}{2}\frac{V_{REF}}{R}\frac{1}{2^3}(2^0 D_0 + 2^1 D_1 + 2^2 D_2 + 2^3 D_3) \tag{7-5}$$

求和运算放大器的输出电压为

$$U_0 = -\frac{V_{REF}}{2^4 R}R_F(2^0 D_0 + 2^1 D_1 + 2^2 D_2 + 2^3 D_4) \tag{7-6}$$

上式表明，对于电路中输入的每一个二进制数，均能在其输出端得到与之成正比的模拟电压。

2. D/A 转换器的主要性能指标

（1）分辨率

分辨率是指 D/A 转换器能分辨的最小输出模拟增量，取决于输入数字量的二进制位数，通常定义为输出满刻度值与 2^n 之比。例如，若满量程为 10 V，D/A 转换器输入的数字量位数为 n，则它的分辨率为 10 V/2^n。输入数字量位数越多，输出模拟量的最小增量就越小。

（2）转换时间

从输入数字量到转换为模拟量输出所需的时间，表示 D/A 转换器的转换速度。

（3）转换精度

理想情况，转换精度与分辨率基本一致，位数越多精度越高。但由于电源电压、参考电压、电阻等各种因素存在着误差，转换精度和分辨率并不完全一致。转换精度定义为 D/A

实际输出值与理想输出值之间的误差。

7.1.2　DAC0832 芯片的原理及使用方法

1. DAC0832 芯片特性

DAC0832 芯片是一个 8 位 D/A 转换芯片，该芯片价格低廉、接口简单、转换控制容易，在单片机系统中广泛应用。DAC0832 以电流形式输出，当需要转换为电压输出时，可外接运算放大器。DAC0832 的主要特性如下：

1）分辨率 8 位。

2）电流建立时间 1 μs。

3）数据输入可采用双缓冲、单缓冲或直通方式。

4）输出电流线性度可在满量程下调节。

5）逻辑电平输入与 TTL 电平兼容。

6）单一电源供电（+5 V ~ +15 V）。

7）低功耗，20 mW。

图 7-3 为 20 引脚 DIP 封装的 DAC0832 芯片，其中各引脚的功能如下。

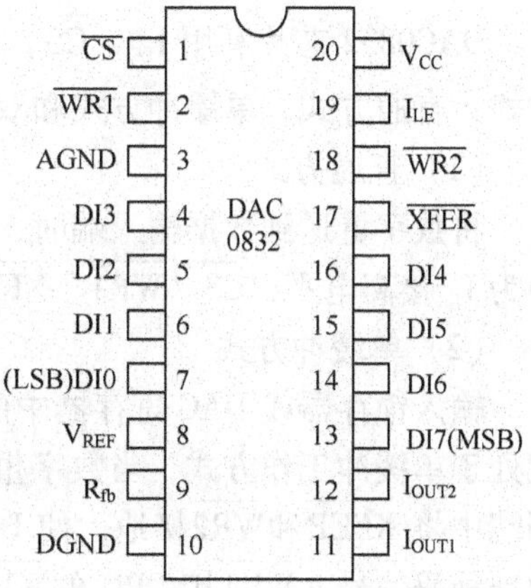

- $\overline{\text{CS}}$：片选端，低电平有效。
- $\overline{\text{WR1}}$：输入寄存器写选通控制端，低电平有效。
- AGND：模拟电路接地端。
- DI7 ~ DI0：8 位数字信号输入端，接收单片机发来的数字量。
- V_{REF}：参考电压输入端。
- R_{fb}：电流—电压转换时外部反馈信号输入端，其内部已有反馈电阻 R_{fb}，根据需要也可外接反馈电阻。
- DGND：数字信号地。
- I_{OUT1}：D/A 转换器电流输出的 1 端，输入数字量全为 "1" 时，I_{OUT1} 最大，输入数字量全为 "0" 时，I_{OUT1} 最小。
- I_{OUT2}：D/A 转换器电流输出的 2 端，$I_{\text{OUT1}} + I_{\text{OUT2}} = $ 常数。
- $\overline{\text{XFER}}$：数据传送控制端，低电平有效。
- $\overline{\text{WR2}}$：DAC 寄存器写选通控制端，低电平有效。
- I_{LE}：数据锁存允许控制端，高电平有效。
- V_{CC}：电源输入端，在 +5 ~ +15 V 范围内。

图 7-3　DAC0832 芯片的引脚

2. DAC0832 芯片内部结构

DAC0832 芯片内部由 8 位输入锁存器、8 位 DAC 寄存器、8 位 D/A 转换器和转换控制电路构成，内部结构如图 7-4 所示。8 位输入锁存器用于存放单片机送来的数字量，使得该数字量得到缓冲和锁存，由信号 I_{LE}、$\overline{\text{CS}}$ 和 $\overline{\text{WR1}}$ 通过两个逻辑与门产生控制信号 $\overline{\text{LE1}}$；8 位 DAC 寄存器用于存放待转换的数字量，由信号 $\overline{\text{XFER}}$、$\overline{\text{WR2}}$ 通过逻辑与门产生控制信号 "$\overline{\text{LE2}}$"。8 位 D/A 转换器受 8 位 DAC 寄存器输出的数字量控制，输出与数字量成正比的模拟电流。

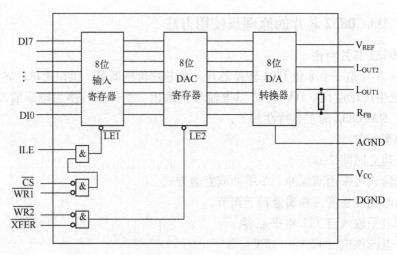

图 7-4 DAC0832 内部结构图

3. DAC0832 芯片工作方式

DAC0832 芯片利用 I_{LE}、$\overline{CS}$、$\overline{WR1}$、$\overline{XFER}$、$\overline{WR2}$ 控制信号可以构成有 3 种不同的工作方式：直通方式、单缓冲方式和双缓冲方式。

（1）直通方式

将数字量送到数据输入端时，不经过任何缓冲立即进入 D/A 转换器进行转换。控制端中为 I_{LE} 接高电平，$\overline{CS}$、$\overline{WR1}$、$\overline{XFER}$、$\overline{WR2}$ 都接数字地。

（2）单缓冲方式

输入锁存器或 DAC 寄存器中的任意一个接成直通方式，而用另一个锁存器数据，DAC 就处于单缓冲工作方式，当数字量送入时只经过一级缓冲就进入 D/A 转换器进行转换。控制端中将 $\overline{XFER}$ 和 $\overline{WR2}$ 接地，使 DAC 寄存器处于直通方式，另外把 I_{LE} 接高电平，$\overline{CS}$ 接端口地址译码信号，$\overline{WR1}$ 接 CPU 的 $\overline{WR}$ 信号。或者将 $\overline{XFER}$ 和 $\overline{CS}$ 接到单片机 P3.0 引脚，$\overline{WR1}$ 和 $\overline{WR2}$ 接到单片机 3.1 引脚。

（3）双缓冲方式

输入锁存器和 DAC 寄存器分别受 CPU 控制，数字量的输入锁存和 D/A 转换分两步完成。当数字量被写入输入锁存器后并不马上进行 D/A 转换，当 CPU 向 DAC 寄存器发出有效控制信号时，才将数据送入 DAC 寄存器进行 D/A 转换。控制端中将 $\overline{CS}$、$\overline{XFER}$、$\overline{WR1}$ 和 $\overline{WR2}$ 分别接单片机。

4. DAC0832 芯片的输出方式

DAC0832 芯片的输出方式为电流型输出，若需要电压输出可使用运算放大器构成单极性输出或双极性输出，如图 7-5 和 7-6 所示。

如果 DAC0832 的参考电压 V_{REF} 为 +5 V，则单极性输出电路中电压 $V_{out1} = -5\,V \sim 0\,V$；双极性输出电路中电压 $V_{out1} = -5\,V \sim +5\,V$。

5. LM324 运算放大器

在图 7-6 的电压输出电路中用到了两个运算放大器，实际电路中采用的是 LM324 芯片。

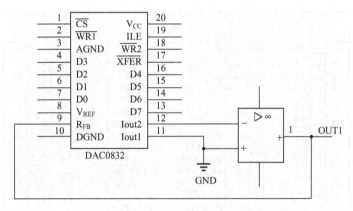

图 7-5 DAC0832 芯片单极性电压输出电路

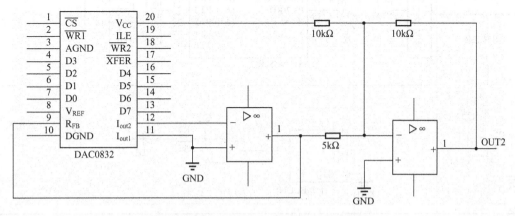

图 7-6 DAC0832 芯片双极性电压输出电路

LM324 芯片内部集成了 4 个运放放大器，除电源公共外，4 组运放相互独立。LM234 芯片有 14 个引脚，其芯片引脚如图 7-7 所示。

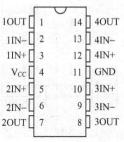

图 7-7 LM324 芯片引脚图

7.1.3 设计和焊接基于单片机的 D/A 接口电路

1. 电路设计

项目 7.1 的任务是制作基于单片机的 D/A 简易信号发生器，当按键被按下时，分别对应产生矩形波、正弦波、锯齿波和三角波。单片机把不同波形的数据发送给数模芯片 DAC0832，就可以产生各种不同的波形信号。DAC0832 引脚有 3 种不同的工作方式，这里采用单缓冲工作方式，其 DAC0832 芯片控制端 I_{LE} 接高电平，$\overline{XFER}$ 和 $\overline{CS}$ 接单片机 P3.0 引脚，$\overline{WR1}$ 和 $\overline{WR2}$ 接单片机 P3.1 引脚。DAC0832 芯片是电流输出，后接 LM324 运算放大芯片，最后得到模拟的电压输出信号。基于单片机的 D/A 简易信号发生器电路如图 7-8 所示。

2. 准备元器件及工具

本任务需要焊接基于单片机的 D/A 简易信号发生器接口电路，所需的元器件及工具见表 7-1。

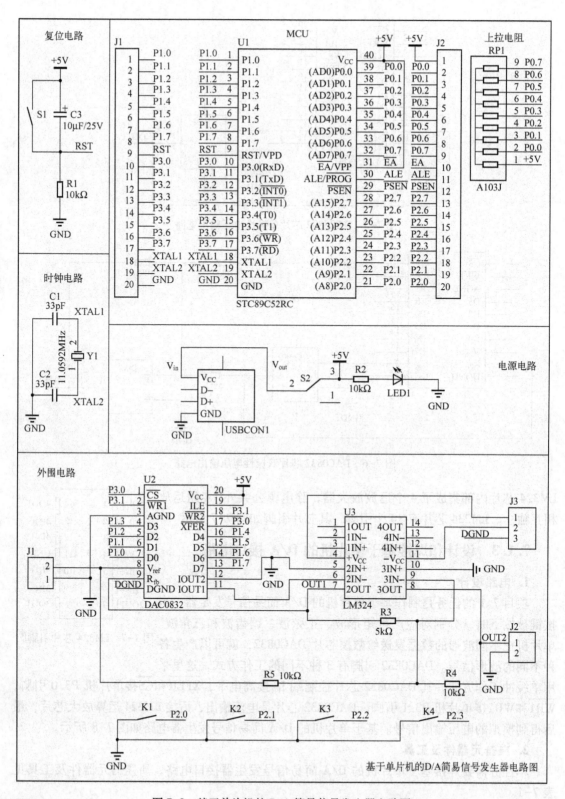

图 7-8　基于单片机的 D/A 简易信号发生器电路图

表 7-1　基于单片机的 D/A 简易信号发生器电路所需元器件

序号	电路组成	元件名称	规格或参数	数　量
1	最小系统	电阻	10 kΩ	2 个
2		排阻	10 kΩ	1 个
3		电解电容	10 μF	1 个
4		瓷片电容	30 pF	2 个
5		晶振	12 MHz	1 个
6		万用板	5 cm×7 cm	1 块
7		DIP40 锁紧座	40PIC	1 个
8		常开轻触开关	6×6×5 微动开关	1 个
9		发光二极管	3 mm、红色	1 个
10		自锁开关	8×8	1 个
11		USB 插座	A 母	1 个
12		排针	40 针	1 个
13		晶振底座	3 针圆孔插座	1 个
14	焊接工具	焊烙铁	50 W 外热式	1 把
15		焊锡丝	0.8 mm	若干
16		斜口钳	5 寸	1 把
17		镊子	ST-16	1 个
18		吸锡器		1 把
19	外围电路	DIP20 锁紧座	20PIC	1 个
20		DIP14 锁紧座	14PIC	1 个
21		D/A 转换芯片	DAC0832	1 个
22		运算放大器	LM324	1 个
23		电阻	10 kΩ	2 个
24		电阻	5 kΩ	2 个
25		常开轻触开关	6×6×5 微动开关	1 个
26		排针	40 针	1 条
27		跳线帽		1 个
28		万用板	5 cm×7 cm	1 个

3. 检测元器件

焊接电路之前，根据数据手册确定芯片 DAC0832 和 LM324 的引脚，并用数字万用表检测其电阻值。

4. 焊接电路

根据图 7-8 可知，DAC0832 采用单缓冲连接方式，其引脚$\overline{\text{XFER}}$和$\overline{\text{CS}}$接在一起接单片机的 P3.0 引脚，$\overline{\text{WR1}}$和$\overline{\text{WR2}}$接在一起接单片机的 P3.1 引脚，I_{LE}接 V_{CC}。DAC0832 电压输出电路采用双极性输出，其引脚 I_{OUT1} 和 I_{OUT2} 连接 LM324 运算放大器，焊接完的接口电路如图 7-9 和图 7-10 所示。

图 7-9 单片机 D/A 简易信号发生器电路的正面

图 7-10 单片机 D/A 简易信号发生器电路的反面

7.1.4 编程实现基于单片机的 D/A 简易信号发生器

1. 编程任务

单片机控制 DAC0832 芯片可产生方波、锯齿波、三角波和正弦波。当按键 K1 被按下，单片机输出方波；当按键 K2 被按下，单片机输出锯齿波；当按键 K3 被按下，单片机输出三角波；当按键 K4 被按下，单片机输出正弦波。单片机控制 DAC0832 产生各种波形，实质就是单片机把波形的采样点送至 DAC0832，经 D/A 转换后输出模拟信号。改变送出的函数波形采样点后的延时时间，就可改变函数波形的频率。

不同函数波形产生的原理如下：

1）方波的产生。只有高、低电平的两个采样点的数据。单片机把初始数字量"0xff"送给 DAC0832 后，延时一段时间后，再把数字量"0x00"送给 DAC0832，再重复上述过程。

2）锯齿波的产生。单片机把初始数字量"0x00"送给 DAC0832，数据不断加"1"，增加到"0xff"后，再加"1"则溢出清零，再重复上述过程。

3）三角波的产生。单片机把初始数字量"0x00"送给DAC0832，数据不断加"1"，增加到"0xff"后，再不断减"1"，减至"0"后，再重复上述过程。

4）正弦波的产生。单片机把正弦波的256个采样点的数据送给DAC0832。

2. 编程思路

程序首先判断哪个按键被按下，这里有4个按键，电路设计时直接将按键与单片机端口连接，因此采用查询法判断按键是否被按下，并带有按键消抖。确定哪一个按键被按下，就直接调用相应波形的子函数，子函数中包含DAC0832的启用以及数字量的送出。基于单片机的D/A简易信号发生器程序如下：

```
#include<reg52.h>                //头文件
#define uchar unsigned char      //定义 unsigned char 为 uchar
#define uint   unsigned int      //定义 unsigned int 为 uint
#define DAdata P1                //定义 P1 为 DAdata,数字信号输出
sbit CS = P3^0;                  //位定义 P3^0 为 CS, DAC0832 控制端
sbit WR0 = P3^1;                 //位定义 P3^1 为 WR0, DAC0832 控制端
sbit K1 = P2^0;                  //位定义 P2^0 为 K1, 对应方波输出按键
sbit K2 = P2^1;                  //位定义 P2^1 为 K2, 对应锯齿波输出按键
sbit K3 = P2^2;                  //位定义 P2^2 为 K3, 对应三角波输出按键
sbit K4 = P2^3;                  //位定义 P2^3 为 K4, 对应正弦波输出按键
uint number = 0;                 //无符号整型变量 number = 0
uchar code juchi[64] = {0,4,8,12,16,20,24,28,32,36,40,45,49,53,57,61,65,
69,73,77,81,85,89,93,97,101,105,109,113,117,121,
125,130,134,138,142,146,150,154,158,162,166,170,
174,178,182,186,190,194,198,202,206,210,215,219,
223,227,231,235,239,243,247,251,255}; //定义数组 juchi, 锯齿波采样点
uchar code zhengxian[] = {
0x80,0x83,0x86,0x89,0x8D,0x90,0x93,0x96,0x99,0x9C,
0x9F,0xA2,0xA5,0xA8,0xAB,0xAE,0xB1,0xB4,0xB7,0xBA,
0xBC,0xBF,0xC2,0xC5,0xC7,0xCA,0xCC,0xCF,0xD1,0xD4,
0xD6,0xD8,0xDA,0xDD,0xDF,0xE1,0xE3,0xE5,0xE7,0x00E9,
0xEA,0xEC,0xEE,0xEF,0xF1,0xF2,0xF4,0xF5,0xF6,0xF7,
0xF8,0xF9,0xFA,0xFB,0xFC,0xFD,0xFD,0xFE,0xFF,0xFF,
0xFF,0xFF,0xFF,0xFF,0xFF,0xFF,0xFF,0xFF,0xFF,0xFF,
0xFE,0xFD,0xFD,0xFC,0xFB,0xFA,0xF9,0xF8,0xF7,0xF6,
0xF5,0xF4,0xF2,0xF1,0xEF,0xEE,0xEC,0xEA,0xE9,0xE7,
0xE5,0xE3,0xE1,0xDF,0xDD,0xDA,0xD8,0xD6,0xD4,0xD1,
0xCF,0xCC,0xCA,0xC7,0xC5,0xC2,0xBF,0xBC,0xBA,0xB7,
0xB4,0xB1,0xAE,0xAB,0xA8,0xA5,0xA2,0x9F,0x9C,0x99,
0x96,0x93,0x90,0x8D,0x89,0x86,0x83,0x80,0x80,0x7C,
0x79,0x76,0x72,0x6F,0x6C,0x69,0x66,0x63,0x60,0x5D,
0x5A,0x57,0x55,0x51,0x4E,0x4C,0x48,0x45,0x43,0x40,
```

```
0x3D,0x3A,0x38,0x35,0x33,0x30,0x2E,0x2B,0x29,0x27,
0x25,0x22,0x20,0x1E,0x1C,0x1A,0x18,0x16,0x15,0x13,
0x11,0x10,0x0E,0x0D,0x0B,0x0A,0x09,0x08,0x07,0x06,
0x05,0x04,0x03,0x02,0x02,0x01,0x00,0x00,0x00,0x00,
0x00,0x00,0x00,0x00,0x00,0x00,0x00,0x00,0x01,0x02,
0x02,0x03,0x04,0x05,0x06,0x07,0x08,0x09,0x0A,0x0B,
0x0D,0x0E,0x10,0x11,0x13,0x15,0x16,0x18,0x1A,0x1C,
0x1E,0x20,0x22,0x25,0x27,0x29,0x2B,0x2E,0x30,0x33,
0x35,0x38,0x3A,0x3D,0x40,0x43,0x45,0x48,0x4C,0x4E,
0x51,0x55,0x57,0x5A,0x5D,0x60,0x63,0x66,0x69,0x6C,
0x6F,0x72,0x76,0x79,0x7C,0x80};          //定义数组 zhengxian，正弦波采样点
void keyscan();                          //按键扫描子函数声明
void fangbo();                           //方波子函数声明
void juchibo();                          //锯齿波子函数声明
void sanjiaobo();                        //三角波子函数声明
void zhengxianbo();                      //正弦波子函数声明
void delay(uint t);                      //延时子函数声明
void main(void)                          //主函数
{   P2=0xff;                             //读按键信息，先给端口 P2 赋"1"
    while(1)                             //无限循环
    {   keyscan();                       //按键扫描
        switch(number)                   //上条按键扫描子函数获得参数 number 后进行选择
        {   case 1:fangbo();break;       //number 为"1"执行方波函数
            case 2:juchibo();break;      // number 为"2"执行锯齿波函数
            case 3:sanjiaobo();break;    // number 为"3"执行三角波函数
            case 4:zhengxianbo();break;  // number 为"4"执行正弦波函数

        }

    }

}
void keyscan()                           //键盘扫描函数
{ if(K1==0)                              //判断按键 K1 是否被按下
  delay(10);                             //延时去抖动
  if(K1==0)                              //再次判断 K1 是否被按下
    { while(!K1);                        //判断按键 K1 是否被松开
      number=1; }                        // number 为"1"
  if(K2==0)                              //判断按键 K2 是否被按下
    delay(10);                           //延时去抖动
    if(K2==0)                            //再次判断 K2 是否被按下
    {while(!K2);                         //判断按键 K2 是否被松开
      number=2;}                         // number 为"2"
  if(K3==0)                              //判断按键 K3 是否被按下
    delay(10);                           //延时去抖动
```

200

```c
        if(K3 = =0)              //再次判断 K3 是否被按下
          { while(!K3);          //判断按键 K3 是否被松开
            number=3; }          // number 为"3"
      if(K4 = =0)                //判断按键 K4 是否被按下
        delay(10);               //延时去抖动
        if(K4 = =0)              //再次判断 K4 是否被按下
      {while(!K4);               //判断按键 K4 是否被松开
        number=4;                // number 为"4"
      }
    void fangbo( )               //方波子函数
    {  CS=0;                     //DAC0832 芯片控制端,单缓冲方式
       WR0=0;
       DAdata=0xff;              //数字输出"1"
       delay(2);                 //延时 2 ms
       DAdata=0x00;              //数字输出"0"
       delay(2);                 //延时 2 ms
}
void juchibo( )                  //锯齿波子函数
{ int i;                         //局部整型变量 i
  CS=0;                          // DAC0832 芯片控制端,单缓冲方式
  WR0=0;
  for(i=0;i<64;i++)              //输出锯齿波
    DAdata=juchi[i];
}
void sanjiaobo( )                //三角波子函数
{   int i;                       //局部整型变量 i
    CS=0;                        // DAC0832 芯片控制端,单缓冲方式
    WR0=0;
    for(i=0;i<255;i++)           //输出三角波
      DAdata=i;
    for(i=255;i>0;i--)
      DAdata=i;
}
void zhengxianbo( )              //正弦波子函数
{ int i;                         //局部整型变量 i
  CS=0;                          // DAC0832 芯片控制端,单缓冲方式
  WR0=0;
  for(i=0;i<256;i++)             //输出正弦波
    DAdata=zhengxian[i];
}
void delay(uint t )              //延时 t×1 ms,针对 12 MHz
{    uchar i;
```

```
        while(--t)
        {for(i=124;i>0;i--);}}
```

3. 下载程序、连接电路和观察实验结果

编译源程序，生成 HEX 文档，将其下载到 STC 单片机中。用两根导线将单片机的
P3.0 引脚和 P3.1 引脚与 DAC0832 的控制端连接起来，用 8 根导线将 DAC0832 的 D0 ~
D7 引脚与单片机的 P1 端口连接，用两根导线将 DAC0832 的 I_{OUT1} 和 I_{OUT2} 连接 LM324 运算
放大器，最后将示波器的探头连接到运算放大器 LM324 的输出。连接完电路，打开电源，
分别按下按键 K1、K2、K3 和 K4，示波器显示实验结果如图 7-11、图 7-12、图 7-13 和
图 7-14 所示。

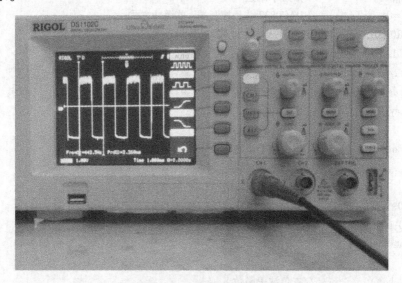

图 7-11　示波器显示方波

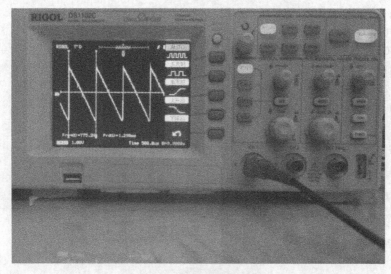

图 7-12　示波器显示锯齿波

202

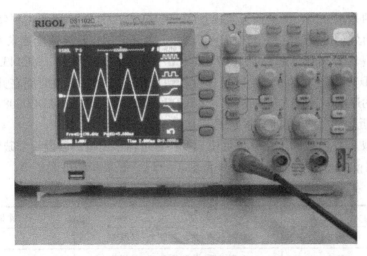

图 7-13　示波器显示三角波

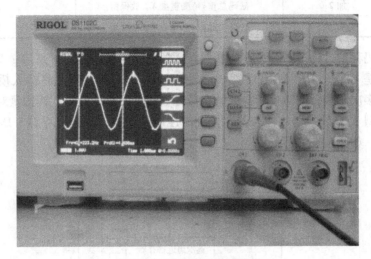

图 7-14　示波器显示正弦波

任务 7.2　基于单片机的 A/D 数字电压表

7.2.1　A/D 转换的基本原理

单片机处理的是数字信号，而实际应用中遇到的大都是连续变化的模拟量，例如电压、电流、温度、位移、流量等。因此，需要一种接口电路将模拟信号转换为数字信号，这种接口电路就是 A/D 转换器。

一般 A/D 转换器具有采样、保持、量化和编码 4 个功能，如何实现这 4 个功能，决定了 A/D 转换器的类型。常见的 A/D 转换器按照转换输出数据方式分为串行与并行两种。并行 A/D 转换器按原理可分为积分型、逐次逼近型、并行比较型、Σ-△调制型、电容阵列逐次比较型和压频变换型。

目前常用的是积分型和逐次逼近式转换器，积分式 A/D 转换器的主要特点是转换精度高、抗干扰能力好、价格便宜，但转换速度较慢，主要应用在转换速度要求不高的场合。应用较多的积分型 A/D 转换器芯片有 ICL7106/ICL7107/ICL7126 系列、MC1433、ICL7136 等；逐次逼近型 A/D 转换器主要特点是转换速度较快、精度较高，转换时间在几微秒到几百微秒之间。典型的逐次逼近式 A/D 转换芯片有 ADC0801，ADC0805，ADC0808、ADC0809 等。

1. 逐次逼近型 A/D 转换的基本原理

逐次逼近型 A/D 转换的工作原理可用天平秤重过程来比喻。假设 4 个砝码共重 15g，每个重量分别为 8g、4g、2g、1g。设待秤重量 $X = 11g$，秤量步骤见表 7-2。

表 7-2　天平秤重

	砝 码 重	结 论	暂 时 结 果
第 1 次	加 8g	砝码总重<待测重量 X，故保留	8g
第 2 次	加 4g	砝码总重>待测重量 X，故撤除	8g
第 3 次	加 2g	砝码总重<待测重量 X，故保留	10g
第 4 次	加 1g	砝码总重=待测重量 X，故保留	11g

由上表砝码秤重过程可知，最终留在秤盘上的砝码重量分别是 8g、2g、1g，如果用二进制来表示就是 1011。仿照上述思路，逐次逼近式 A/D 转换器就是将输入模拟信号与不同的参考电压作多次比较，使转换所得的数字量在数值上逐次逼近输入模拟量对应值。

逐次逼近型 A/D 转换器由比较器、控制时序电路、逐次逼近寄存器、D/A 转换器和输出缓冲器组成，如图 7-15 所示。

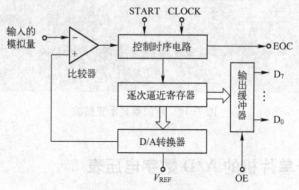

图 7-15　逐次逼近型 A/D 转换器内部结构

控制端 START 为 A/D 转换启动信号控制端，该启动脉冲启动后。

1) 在第 1 个时钟脉冲作用下。控制电路使时序产生器的最高位置"1"，其他位置"0"，其输出经逐次逼近寄存器将 10000000 送入 D/A 转换器。输入模拟量与 D/A 输出电压（$V_{REF}/2$）比较，如果输入模拟量≥$V_{REF}/2$，比较器输出为"1"，若输入模拟量小于 $V_{REF}/2$，比较器输出为"0"，D_{n-1} 按照比较器输出置位。

2) 在第 2 个脉冲的作用下。D_{n-2} 置"1"，逐次逼近寄存器的值变为 11000000（步骤 1）中比较器输出为"1"）或 01000000（步骤 1）中比较器输出为"0"），再将其送入 D/A 转换器。假设步骤 1）中比较器输出为"1"，此时输入模拟量与 D/A 输出电压 11000000（$V_{REF}/2+V_{REF}/4$）比较，如果输入模拟量大于等于（$V_{REF}/2+V_{REF}/4$），则比较器输出为"1"；若输入模拟量大于（$V_{REF}/2+V_{REF}/4$），则比较器输出为"0"，D_{n-2}按照比较器输出置位。

3）在第3个脉冲的作用下。D_{n-3}置"1"，逐次逼近寄存器的值变为11100000（步骤2）中比较器输出为"1"）或10100000（步骤（2）中比较器输出为"0"）……以此类推，逐次比较得到输出数字量。

为了进一步理解逐次逼近型 A/D 转换器的工作原理及转换过程，下面用实例加以说明，假如输入模拟量为3.4375 V，参考电压 V_{REF} 为 5 V，控制时序电路输出信号 10000000 经逐次逼近寄存器送到 D/A 转换器，D/A 转换器输出模拟电压 2.5 V，如图 7-16 所示。

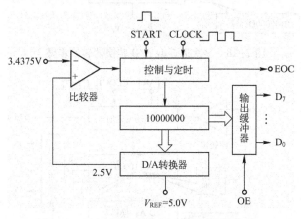

图 7-16　逐次逼近型 A/D 转换器转换步骤 1

将模拟输入量3.4375 V 与2.5 V 比较，输出为"1"时控制时序电路输出信号最高位根据比较结果置"1"，次高位在下一个脉冲作用置"1"，信号送入到 D/A 转换器，输出电压为3.75 V，如图 7-17 所示。

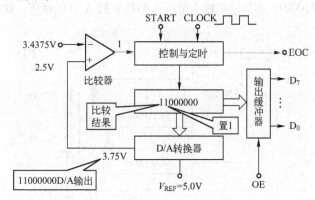

图 7-17　逐次逼近型 A/D 转换器转换步骤 2

将模拟输入量3.4375 V 与3.75 V 比较，输出为0时控制时序电路输出信号次高位根据比较结果置0，第6位在脉冲作用下置"1"，信号送入到 D/A 转换器，输出电压为3.125 V，如图 7-18 所示。

将模拟输入量3.4375 V 与3.125 V 比较，输出为"1"表示这时控制时序电路输出信号第6位根据比较结果置"1"，第5位在脉冲作用下置"1"，信号送入到 D/A 转换器，输出电压为3.4375 V，如图 7-19 所示。

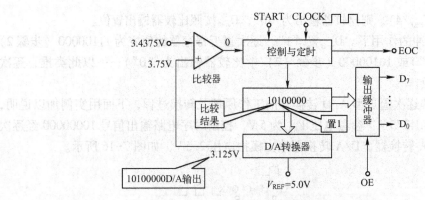

图 7-18　逐次逼近型 A/D 转换器转换步骤 3

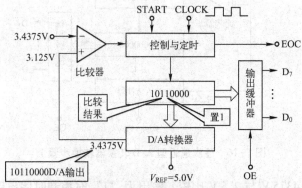

图 7-19　逐次逼近型 A/D 转换器转换步骤 4

将模拟输入量 3.4375 V 与 3.4375 V 比较，输出为 "1"，表示模拟值与比较值相等，则输出缓冲器输出数字信号 10110000，即为模拟输入电压 3.4375 V 的 A/D 转换值，如图 7-20 所示。

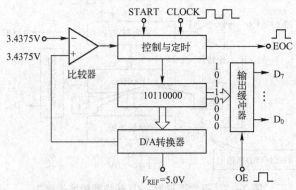

图 7-20　逐次逼近型 A/D 转换器转换步骤 5

2. A/D 转换器的主要性能指标

（1）转换时间或转换速率

表示完成一次 A/D 转换所需要的时间，转换时间的倒数为转换速率。

（2）分辨率

表示输出数字量变化一个相邻数码时所需要输入模拟电压的变化量。通常定义为满刻度电压与 2^n 的比值，其中 n 为 ADC 寄存器的位数。例如，一个 10 V 满刻度的 12 位 ADC 寄存器能分辨输入电压变化最小值为 $10\,V\times1/2^{12}=2.4\,mV$。

（3）量化误差

ADC 寄存器把模拟量变为数字量，用数字量近似表示模拟量，这个过程称为量化。量化误差是 ADC 寄存器的有限位数对模拟量进行量化而引起的误差。

（4）转换精度

定义为一个实际 ADC 寄存器与一个理想 ADC 寄存器在量化值上的差值。可用绝对误差或相对误差表示。

7.2.2 ADC0809 芯片的原理及使用方法

1. ADC0809 芯片特性

1）分辨率为 8 位；

2）精度小于 1LSB（最低有效位）；

3）单+5 V 供电，模拟输入电压范围为 0~+5 V；

4）具有锁存控制的 8 路输入模拟开关；

5）可锁存三态输出，输出与 TTL 电平兼容；

6）功耗为 15 mW；

7）不必进行零点和满刻度的校准；

8）转换速度取决于芯片外接的时钟频率。

图 7-21 为 28 个引脚 DIP 封装的 ADC0809 芯片，其中各引脚的功能如下。

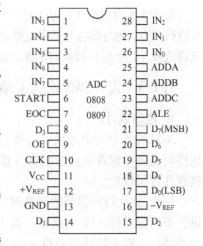

图 7-21 ADC0809 芯片引脚图

1）IN7~IN0：8 位模拟量输入端。

2）A、B、C：地址线。A 为低位地址，C 为高位地址，用于对模拟通道进行选择。控制 8 路模拟通道的切换，C、B、A=000~111 分别对应 IN0~IN7 通道。

3）ALE：地址锁存允许信号输入端。对应 ALE 上升沿，将 A、B、C 地址状态送入地址锁存器中。

4）START：转换启动信号输入端。START 上升沿时，所有内部寄存器清 0；START 下降沿时，开始进行 A/D 转换，在 A/D 转换期间，START 应保持低电平。

5）OE：输出允许控制端，用于控制三态输出锁存器向单片机输出转换得到的数据。OE=0，输出数据线呈高电阻，OE=1，输出转换得到的数据。

6）CLK：时钟信号输入端，用在 ADC0809 芯片内部没有时钟电路而需要外接时钟信号时，通常使用频率为 500 KHz 的时钟信号。

7）D7~D0：8 位数字量输出端。

8）EOC：转换结束状态信号。EOC=0，正在进行转换，EOC=1，转换结束。该状态信号既可作为查询的状态标志，又可以作为中断请求信号使用。

9）VCC：+5 V 工作电压。

10）$V_{REF}(+)$、$V_{REF}(-)$：参考电压输入端。参考电压用来与输入的模拟信号进行比较，作为逐次逼近的基准电压。

11）GND：接地端。

2. ADC0809 芯片内部结构

ADC0809 芯片采用逐次逼近式 A/D 转换原理，可实现 8 路模拟信号的分时采集，片内有 8 路模拟选通开关，以及相应的通道地址锁存与译码电路，转换时间为 100 μs 左右。ADC0809 芯片的内部逻辑结构如图 7-22 所示。

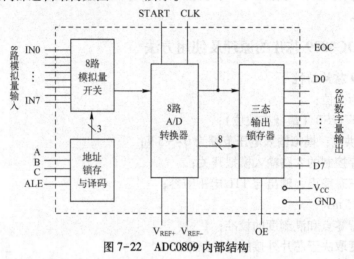

图 7-22　ADC0809 内部结构

图中 8 路模拟量开关可选通 8 个模拟通道，允许 8 路模拟量分时输入，共用一个 A/D 转换芯片进行转换。地址锁存与译码电路完成对 A、B、C，3 个地址进行锁存和译码，其译码输出用于通道选择。8 位 A/D 转换器是逐次逼近式，输出锁存器用于存放和输出转换得到的数字量。

7.2.3　设计和焊接基于单片机的 A/D 接口电路

1. 电路设计

A/D 转换器与单片机接口具有硬、软件相依性。一般来说，A/D 转换器与单片机接口连接时主要考虑数字量输出线的连接、A/D 启动方式、转换结束信号处理方法、时钟的连接这几方面设计。

一个 A/D 转换器开始转换时，必须加一个启动转换信号，这一启动信号要由单片机提供。不同型号的 A/D 转换器，对于启动转换信号的要求也不同，一般分为脉冲启动和电平启动两种。对于脉冲启动型 A/D 转换器，只要给其启动控制端加上一个符合要求的脉冲信号即可，如 ADC0809、ADC574 等。通常用 WR 和地址译码器的输出经一定的逻辑电路进行控制。对于电平启动型 ADC，当把符合要求的电平加到启动控制端上时，立即开始转换。在转换过程中，必须保持这一电平，否则会终止转换的进行。因此，在这种启动方式下，单片机的控制信号必须经过锁存器保持一段时间，一般采用 D 触发器、锁存器或并行 I/O 接口等来实现。AD570、AD571 等都属于电平启动型 A/D 转换器。

当 A/D 转换器转换结束时，A/D 转换器输出一个转换结束标志信号，通知单片机读取转换结果。单片机检查判断 A/D 转换结束的方法一般有中断和查询两种。中断方式是将转换结束标志信号接到单片机的中断请求输入线上或允许中断的 I/O 接口的相应引脚，作为中断请求信号；查询方式是把转换结束标志信号经三态门送到单片机的某一位 I/O 口线上，作为查询状态信号。

A/D 转换器的另一个重要连接信号是时钟，其频率是决定芯片转换速度的基准。整个 A/D 转换过程都是在时钟的作用下完成的。A/D 转换时钟的提供方法有两种：一种是由芯片内部提供（如 ADC574），一般不外加电路；另一种是由外部提供，有的用单独的振荡电路产生，大多数则把单片机的时钟经分频后，送到 A/D 转换器的相应时钟端。

根据上述电路设计规则和任务要求，任务 7.2 采用脉冲启动、查询方式控制 ADC0809 进行 A/D 转换、A/D 转换时钟由单片机提供，输入给 ADC0809 的模拟电压可以通过调节滑动变阻器来实现，ADC0809 芯片将输入的模拟电压转换成二进制数字，并通过单片机 P1 端口输出，单片机根据 ADC0809 芯片输入的电压值，在 4 位数码管上显示，其相应的电路设计如图 7-23 所示。

2. 准备元器件及工具

本任务只需要焊接单片机 ADC0809 芯片的外围接口电路，数码管显示的外围电路直接采用任务 3.2 焊接的电路模块，所需的元器件及工具见表 7-3。

表 7-3　单片机的 A/D 数字电压表电路所需元器件

序　　号	电路组成	元件名称	规格或参数	数　　量
1	最小系统	电阻	10 kΩ	2 个
2		排阻	10 kΩ	1 个
3		电解电容	10 μF	1 个
4		瓷片电容	30 pF	2 个
5		晶振	12 MHz	1 个
6		万用板	5 cm×7 cm	1 块
7		DIP40 锁紧座	40PIC	1 个
8		常开轻触开关	6×6×5 微动开关	1 个
9		发光二极管	3 mm 红色	1 个
10		自锁开关	8×8	1 个
11		USB 插座	A 母	1 个
12		排针	40 针	1 个
13		晶振底座	3 针圆孔插座	1 个
14	焊接工具	焊烙铁	50 W 外热式	1 把
15		焊锡丝	0.8 mm	若干
16		斜口钳	5 寸	1 把
17		镊子	ST-16	1 个
18		吸锡器		1 把
19	外围电路	DIP28 锁紧座	28PIC	1 个
20		DIP20 锁紧座	20PIC	1 个
21		A/D 转换芯片	ADC0809	1 个
22		滑动变阻器	10 kΩ	1 个
23		4 位 7 段数码管	Ark SR410401N	1 个
24		限流电阻	220 Ω	12 个
25		晶体管	PNP（8550）	4 个
26		总线收发器	74HC245	1 个
27		排针	40 针	1 条
28		万用板	5 cm×7 cm	1 个

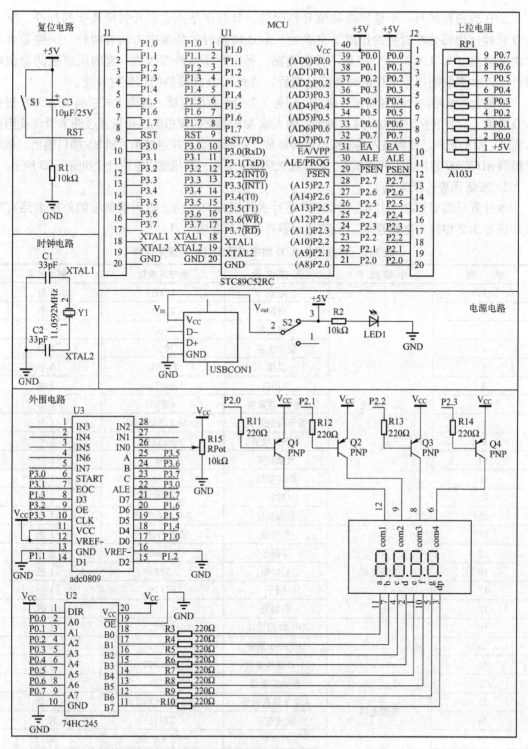

图 7-23 基于单片机的 A/D 数字电压表接口电路图

3. 检测元器件

焊接电路之前，根据芯片数据手册确定芯片 ADC0809 引脚。

4. 焊接电路

根据图 7-23 可知，数码管显示电路在任务 3.2 中焊接完成，这里只需要焊接 A/D 转换接口电路。A/D 转换芯片 AD0809 的 D0~D7 引脚接单片机 P1 端口，单片机的 P3.0 引脚连接 ADC0809 的 START 引脚和 ALE 引脚，单片机的 P3.1 引脚接 ADC0809 的 EOC 引脚，单片机的 P3.2 引脚接 ADC0809 的 OE 引脚，单片机的 P3.3 引脚接 ADC0809 的 CLK 引脚，单片机的 P3.5、P3.6 和 P3.7 引脚接 ADC0809 的 A，B，C 引脚，ADC0809 的参考电压输入端 V_{REF} （+）接 V_{CC}，V_{REF} （-）接 GND，模拟输入端通过一个滑动变阻器接 ADC0809 的 IN0 引脚。焊接完的 A/D 转换接口电路的正面和反面如图 7-24 和图 7-25 所示。

图 7-24　A/D 转换接口电路的正面

图 7-25　A/D 转换接口电路的反面

7.2.4　编程实现基于单片机的 A/D 数字电压表

1. 编程任务

编程实现 ADC0809 芯片采集的模拟电压信号在 4 位数码管上显示。

2. 编程思路

ADC0809 芯片将采集到的模拟电压信号转换为数字信号，并通过 P1 端口传入单片机，

ADC0809 芯片的控制由单片机实现，数字信号经过转换为数码管显示值，在数码管上显示。其编程流程分为如下几个步骤：

- 定时器初始化。

ADC0809 内部没有时钟电路，需要外接时钟信号，通常使用频率为 500 KHz 的时钟信号。这里由单片机定时器中断产生这个时钟信号，并由 P3.3 引脚输出，所以首先需要对定时和中断相关的寄存器设置。

- 模拟输入通道选择。

AD0809 芯片允许 8 路模拟量分时输入，其 ADDA、ADDB、ADDC 引脚用于对模拟通道进行选择，紧接着要编程选择模拟输入通道。

- 读 ADC0809 输出数字量。

单片机的 P3.0 引脚连接 ADC0809 的 START 引脚，START 上升沿时，所有内部寄存器清 0；START 下降沿时，开始进行 A/D 转换。用查询法查询 ADC0809 芯片的 EOC 引脚是否为 "1"，为 "1" 表示 AD 转换结束。接着将 OE 设置为 "1"，允许 ADC0809 输出，输出完毕后再将 OE 设置为 "0"。

- 计算显示值。

单片机通过 P1 端口读取 ADC0809 的输出值为二进制，而数码管显示为十进制，所以要进行转换。

- 数码管显示电压值。

将前面计算值分别送到相应的位进行显示可实现数码管采用动态显示。

```
#include<reg52.h>                         //头文件
#include" intrins.h"                      //头文件
#define uchar unsigned char               //定义 unsigned char 为 uchar
#define uint unsigned int                 //定义 unsigned int 为 uint
sbit START=P3^0;                          //位定义，定义 P3^0 为 START
sbit EOC=P3^1;                            //位定义，定义 P3^1 为 EOC
sbit OE=P3^2;                             //位定义，定义 P3^2 为 OE
sbit CLOCK=P3^3;                          //位定义，定义 P3^3 为 CLOCK
sbit ADDA=P3^5;                           //位定义，定义 P3^5 为 ADDA
sbit ADDB=P3^6;                           //位定义，定义 P3^6 为 ADDB
sbit ADDC=P3^7;                           //位定义，定义 P3^7 为 ADDC
uint adval1,volt1;                        //定义无符号整型变量 adval1,volt1
uchar tab[ ]={0xc0,0xf9,0xa4,0xb0,0x99,0x92,0x82,0xf8,0x80,0x90};      //定义数组 tab

void delay(uint t)                        //延时 t×1 ms，针对 12 MHz
{       uchar i;
        while(--t)
        {for(i=124;i>0;i--);}
}

void select_CH1()                         //选择通道 0，模拟信号由引脚 IN0 输入
```

```c
{ADDA=0;
 ADDB=0;
 ADDC=0;}

void ADC_read1()                        // 读 ADC0809 输出的数字量
    { START=0;                          //START 下降沿开始 A/D 转换
    START=1;
    START=0;
    while(EOC==0);                      //查询转换是否结束
    OE=1;                               //允许 ADC0809 输出
    adval1=P1;                          //数字信号输出
    OE=0;}

    void volt_result1()                 //计算显示值
    {volt1=adval1*500.0/255;}           //adval1 是二进制,基准电压 5 V

    void disp_volt1(uint date)          //数码管显示电压值,data 参数传递
    {P2=0xfb;                           //位选百位
     P0=((tab[date/100]&0x7f));         //共阳极小数点为 0x7f
     delay(3);                          //延时
     P0=0xff;                           //清屏
     P2=0xfd;                           //位选十位
     P0=tab[date%100/10];               //段选十位
     delay(3);                          //延时
     P0=0xff;                           //清屏
     P2=0xfe;                           //位选个位
     P0=tab[date%10];                   //段选个位
     delay(3);                          //延时
     P0=0xff;}                          //清屏

void t0() interrupt 1                   //定时器产生方波,为 ADC0809 提供时钟信号
    {CLOCK=~CLOCK;}

void t0_init()                          //定时器初始化
    { TMOD=0x02;                        //定时器 T0 工作方式 0
        TH0=0xa0;                       //定时器赋初值,产生 500 KHz 的时钟信号
        TL0=0xa0;
        TR0=1;                          //启动定时器 T0
        ET0=1;                          //允许定时器 T0 中断
        EA=1;}                          //总中断允许
void main(void)                         //主函数
    { t0_init();                        //定时器初始化
```

213

```
    P3 = 0x1f;                    //控制端口赋初值
  while(1)                        //无限循环
    {select_CH1();               //选择模拟输入通道
    ADC_read1();                 //读取 ADC0809 数字输出值
    volt_result1();              //将读出的二进制数字量转换为十进制电压值
    disp_volt1(volt1);           //显示电压值
    delay(8);}                   //延时
}
```

3. 下载程序、连接电路和观察实验结果

编译源程序，生成 HEX 文档，将其下载到 STC 单片机中。用 4 根导线将单片机的 P2 端口与 4 位数码管的位选端连接，8 根导线将单片机的 P0 端口与 4 位数码管的段选端连接；8 根导线将单片机的 P1 端口与 ADC0809 芯片的数字输出端连接，8 根导线将单片机的 P3 端口与 ADC0809 芯片的控制端口连接。接通电源，用螺丝刀调整滑动变阻器的阻值，观察数码管显示的电压值的变化，实验结果如图 7-26、图 7-27、图 7-28 和图 7-29 所示。

图 7-26 单片机数字电压表实验中显示电压 "0 V"

图 7-27 单片机数字电压表实验中显示电压 "2.54 V"

214

图 7-28　单片机数字电压表实验中显示电压"3.6 V"

图 7-29　单片机数字电压表实验中显示电压"5 V"

项目小结

通过本项目的学习，首先理解倒 T 形电阻网络型 D/A 转换原理和逐次逼近型 A/D 转换原理，其次了解 D/A 转换芯片 DAC0832 和 A/D 转换芯片 ADC0809 的内部结构、引脚分布，最后掌握常见 A/D 和 D/A 接口电路设计方法及编程方法。

习题与制作

一、填空题

1. A/D 转换器的作用是将_____转为_____，D/A 转换器的作用是将_____转为_____。

2. D/A 转换器的 3 个最重要指标是_____、_____、_____。

3. 从输入模拟量到输出稳定的数字量的时间间隔是 A/D 转换的计数指标之一，称为_____。

4. D/A 转换的基本原理是用电阻解码网络将 N 位数字量逐位转换成模拟量并求和。根据其转换原理可分为_____ D/A 转换器、_____ D/A 转换器、_____ D/A 转换器。

5. 若 8 位 D/A 转换器的输出满刻度电压为+5 V，则该 D/A 转换器能分辨的最小电压变化为_____。

6. DAC0832 是一个_____位的 D/A 转换芯片，数据输入可采用_____、_____和_____ 3 种，其输出形式为_____。

7. A/D 转换器具有_____、_____、_____和_____ 4 个功能。目前常见的 A/D 转换器为_____和_____。

8. ADC0809 是逐次逼近型 A/D 转换器，它内部由_____、_____、_____、_____和_____组成。

二、选择题

1. 下列具有模数转换功能的芯片是（　　）。

    A　ADC0809   B　DAC0832   C　BS18B20   D　DS1302

2. ADC0809 芯片启动转换信号的是（　　）。

    A　ALE   B　EOC   C　CLOCK   D　START

3. 要想把数字送入 DAC0832 的输入缓冲器，其控制信号应满足（　　）。

    A　ILE=1, $\overline{CS}$=1, $\overline{WR_1}$=0   B　ILE=1, $\overline{CS}$=0, $\overline{WR_1}$=0

    C　ILE=0, $\overline{CS}$=1, $\overline{WR_1}$=0   D　ILE=0, $\overline{CS}$=0, $\overline{WR_1}$=0

4. A/D 转换方法有 4 种，ADC0809 是一种采用（　　）进行 A/D 转换的 8 位接口芯片。

    A　计数式   B　双积分式   C　逐次逼近式   D　并行式

5. 8 位 D/A 转换器的分辨率能给出满量程电压的（　　）。

    A　1/8   B　1/16   C　1/32   D　1/256

6. AD0809 转换器是（　　）。

    A　4 通道 8 位   B　8 通道 8 位   C　8 通道 10 位   D　8 通道 16 位

7. D/A 转换器所使用的数字量位数越多，则它的转换精度（　　）。

    A　越高   B　越低   C　不变   D　不定

8. 产生一个三角波，不可缺少的器件是（　　）。

    A　A/D 转换器   B　D/A 转换器   C　数据缓冲器   D　数据锁存器

三、问答题

1. D/A 转换器的作用是什么？在什么场合下使用？

2. A/D 转换器的作用是什么？在什么场合下使用？

3. 什么是 D/A 转换器，它有哪些主要指标？简述其含义。

4. 什么是 A/D 转换器，它有哪些主要指标？简述其含义。

5. ADC0832 芯片内部逻辑上由哪几部分组成？有哪几种工作方式？

6. ADC0832 芯片有几种工作方式？各自特点是什么？适合在什么场合下使用？

7. ADC0809 芯片用于模拟电压输入路数的引脚有哪几条？

8. 某 8 位 D/A 转换器，输出电压为 0~5V。当输入数字量为 30H 时其对应的输出电压是多少？

9. ADC0832 芯片与单片机连接时有哪些控制信号？作用分别是什么？

项目8   基于单片机的电动机控制电路的设计与制作

【知识目标】

1. 了解 PWM 脉宽调制脉冲调速原理
2. 掌握单片机输出 PWM 波编程方法

【能力目标】

掌握电动机驱动电路设计、焊接及调试方法

任务8.1   单片机控制输出 PWM 脉冲

8.1.1   PWM 简介

脉冲宽度调制（Pulse Width Modulation，PWM），简称脉宽调制，是利用微处理器的数字输出对模拟电路进行控制的一种非常有效的技术，广泛应用于测量、通信、功率控制与变换等许多领域中。

PWM 控制技术的理论依据是冲量等效原理。冲量相等而形状不同的窄脉冲加在具有惯性的环节上，其效果基本相同。冲量即窄脉冲的面积，所说的效果基本相同是指环节的输出波形基本相同。低频段非常接近，仅在高频率略有差异。图 8-1 为形状不同而冲量相同的各种窄脉冲。

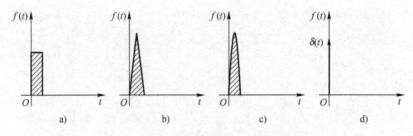

图 8-1   形状不同而冲量相同的窄脉冲

直流电动机的转速和方向的调节需要对电动机电枢两端的直流电压的大小和方向进行控制。直流电动机 PWM 调速信号就是一连串可以调整脉冲宽度的信号，PWM 调速信号只有两种状态，高电平和低电平，对于一个给定的周期来说，高电平所占的时间和总的一个周期时间之比叫做占空比，如图 8-2 所示。电动机的速度与施加的平均电压成正比，输出转矩则与电流成正比。使用 PWM 方法，可以方便地改变施加于电动机电枢的平均电压的大小。

$$U_\mathrm{M} = \frac{\Delta t_1 \times U_\mathrm{CC}}{T} = D \times U_\mathrm{CC} \qquad (8\text{-}1)$$

式中　　P——占空比。

　　U_M——电动机电枢的平均电压；

　　Δt_1——PWM 调速信号高电平时间；

　　T——PWM 调速信号周期；

U_CC——调速信号电压幅度。

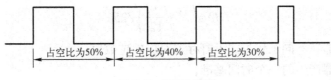

图 8-2　PWM 波形

8.1.2　PWM 产生的原理与方法

　　STC89C52RC 单片机内部没有 PWM 发生器，如果要产生 PWM 波就必须要用软件编程的方法来模拟，有软件延时和定时器生成两种方法。

（1）软件延时产生 PWM 波

　　单片机 I/O 端口输出高电平并延时一段时间，输出低电平并延时一段时间，达到模拟 PWM 波的效果，改变高电平和低电平的持续时间，就可以改变 PWM 波的频率及占空比。这种编程方法简单易懂，但缺点是 CPU 执行软件延时函数时，就不能执行其他的操作，如键盘扫描、显示等，浪费 CPU 资源。软件延时产生 PWM 波的程序如下：

```
#include<reg52. h>              //头文件
#define uchar unsigned char     //定义 unsigned char 为 uchar
#define uint  unsigned int      //定义 unsigned int 为 uint
void delay( uint t );           //延时函数声明
sbit PWM = P1^0;                //位定义，定义 P1^0 为 PWM
main( )                         //主函数
{
while( 1 )                      //无限循环，输出周期 100 ms 的方波
{  PWM = 1;                     //输出高电平
   delay( 60 );                 //延时 60 ms
   PWM = 0;                     //输出低电平
   delay( 40 );                 //延时 40 ms
}
}
void delay( uint t )            //延时 t×1 ms，针对 12 MHz
{   uchar i;
    while( --t )
    {for( i = 124; i>0; i-- );}
}
```

（2）定时器产生 PWM 波

利用定时器溢出中断，在中断服务程序改变电平的高低，从而生成 PWM 波形，这种方法在程序较复杂、多操作时仍能输出较准确的 PWM 波形。

用定时器产生 PWM 波形，首先确定输出 PWM 波的周期 T 和占空比 D，再用定时器产生一个时间基准 t（即一次定时器定时时间），使定时器溢出 n 次的时间是 PWM 波形的高电平的时间。编程思路为主程序中根据定时器产生一个时间基准 t，确定定时器 T0 或 T1 的初始值。

$$THO = \left(2^M - \frac{t \cdot f}{12}\right) / 256 \tag{8-2}$$

式中　M——定时器在不同工作方式下寄存器对应的位数值；

　　　t——定时器产生的一个时间基准；

　　　f——单片机的工作频率。

$$TLO = \left(2^M - \frac{t \cdot f}{12}\right) \% 256 \tag{8-3}$$

定时器产生 PWM 波形的编程思路：在主程序中启动定时器 T0 或 T1，定时器开始定时，当定时器定时到一个时间基准 t 时，进入定时中断子函数，重新给定时器 T0 或 T1 赋初值。程序开始定义一变量 counter，进入定时中断子函数后，变量 counter 的值加 "1"，因为单片机输出的 PWM 波形的周期和高电平或低电平持续的时间均是一个时间基准 t 的倍数，现判断 t * counter 的值小于高电平持续时间，单片机端口输出高电平；t * counter 的值大于高电平持续时间，单片机端口输出低电平；t * counter 的值大于 PWM 波形的周期时，counter 的值置 "0"。一个定时器产生 PWM 波形周期为 1 ms，占空比为 40%，程序如下：

```
#include<reg52.h>                    //头文件
sbit PWM=p1^0;                        //位定义，定义 P1^0 为 PWM
#define uchar unsigned char          //定义 unsigned char 为 uchar
#define uint   unsigned int          //定义 unsigned int 为 uint
uint counter;                        //无符号整型变量 counter
main()                               //主函数
{ TMOD=0X01;                         //定时器 T0 工作方式 1
  EA=1;                              //中断总允许开关
  TH0=(65536-100)/256;               //定时器初值，一次定时 100 μs，单片机频率为 12 MHz
  TL0=(65536-100)%256;
  ET0=1;                             //定时器 T0 中断允许
  TR0=1;                             //启动定时器 T0
  while(1)                           //无限循环
  {}
}
void timer0() interrupt 1            //定时器中断子函数 timer0
{TR0=0;                              //停止定时器 T0
  TH0=(65536-100)/256;               //重新赋初值
  TL0=(65536-100)%256;
```

```
    counter++;                    //变量 conter 加 "1"
    if( counter<4)                //PWM 波的输出高电平时间是 4×100 μs
    {PWM=1;}
    else PWM=0;
    if( counter==10)              //PWM 波的输出低电平时间是 6×100 μs
    {counter=0;}                  //PWM 波的周期是 10×100 μs
    TR0=1;                        //重新启动定时器 T0
}
```

任务 8.2　PWM 脉冲控制电动机转速

8.2.1　L298N 电动机驱动芯片

1. H 型桥式驱动电路

　　H 型桥式驱动电路包括 4 个晶体管和一个电动机，因其外形酷似字母 'H'，所以称作 H 桥驱动电路。H 桥驱动电路如图 8-3 所示，要使电动机运转，必须导通对角线上的一对晶体管。当晶体管 Q1 和 Q4 导通时，Q2 和 Q3 截止，电流从电源正极流出，经过晶体管 Q1，并从左向右穿过电动机，然后流经晶体管 Q4 回到电源负极，电动机正转。同理，晶体管 Q2 和 Q3 导通时，Q1 和 Q4 截止，电流从电源正极流出，经过晶体管 Q3，并从右向左穿过电动机，然后流经晶体管 Q2 回到电源负极，电动机反转。

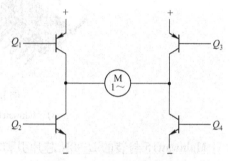

图 8-3　H 型桥式驱动电路

　　在实际电路中为了防止同侧的两个晶体管同时导通，在上述基本 H 桥电路的基础上增加了 4 个与门和 2 个非门。4 个与门同一个 "使能" 导通信号连接，"使能" 导通信号就能控制整个电路的开关。2 个非门提供一种方向输入，保证在任何时候 H 桥的同侧只有一个晶体管导通。具有使能和方向控制的 H 桥电路如图 8-4 所示。如果 DIR-L 信号为 0，DIR-R 信号为 1，并且使能信号是 1，那么晶体管 Q1 和 Q4 导通，电流从左至右流经电动机；如果 DIR-L 信号变为 1，而 DIR-R 信号变为 0，那么 Q2 和 Q3 将导通，电流则反向流过电动机。

　　市场上有很多封装好的 H 桥集成电路，接上电源、电动机和控制信号就可以使用了，如常用的 L298N 电动机驱动芯片。

2. L298N 电动机驱动芯片

　　L298N 芯片是一种高电压、大电流电动机驱动芯片。该芯片的主要特点是：工作电压高，最高工作电压可达 46V；输出电流大，瞬间峰值电流可达 3A，持续工作电流为 2A；内含两个 H 桥的高电压大电流全桥式驱动器，可以用来驱动直流电动机和步进电动机、继电器、线圈等感性负载。该芯片可以驱动一台两相步进电机或四相步进电机，也可以驱动两台直流电动机。

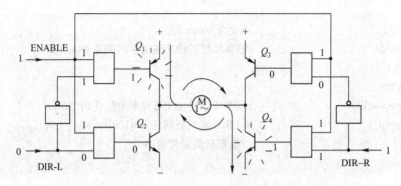

图 8-4　三信号控制的 H 型桥式驱动电路

（1）L298N 芯片引脚封装

L298N 芯片有两种封装，一种是 Multiwatt15，另一种是 PowerSO20，如图 8-5 所示。

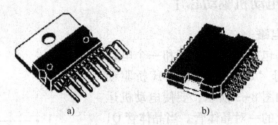

图 8-5　L298N 封装图

a）Multiwatt15 封装　b）Power SO20 封装

Multiwatt15 封装的 L298N 芯片引脚功能表详见表 8-1。

表 8-1　L298N 引脚功能表

引　脚	符　号	功　能
1、15	SENSING A，SENSING B	此两脚与地连接，电流的电流用于检测电阻，并向驱动芯片反馈检测到的信号
2、3	OUT1、OUT2	此两脚是全桥式驱动器 A 的两个输出端，用来连接负载
4	V_s	电动机驱动电源输入端
5、7	IN1、IN2	输入标准的 TTL 逻辑电平信号，用来控制全桥式驱动器 A 的开关
6、11	ENABLE A，ENABLE B	使能控制端输入标准 TTL 逻辑电平信号，低电平时全桥式驱动器禁止工作
8	GND	接地端，芯片本身的散热片与 8 脚相通
9	V_{ss}	逻辑控制部分的电源输入端口
10、12	IN3、IN4	输入标准的 TTL 逻辑电平信号，用来控制全桥式驱动器 B 的开关
13、14	OUT3、OUT4	此两脚是全桥式驱动器 B 的两个输出端，用来连接负载

（2）L298N 内部结构

图 8-6 是 L298N 芯片内部结构框图，由图可知 L298N 内部集成了 2 个 H 桥驱动电路。2 个使能输入端 ENA 和 ENB，4 个方向控制端 IN1、IN2、IN3、IN4，4 个输出端 OUT1、OUT2、OUT3、OUT4，可以控制两个电动机。

L298N 芯片的控制逻辑详见表 8-2。

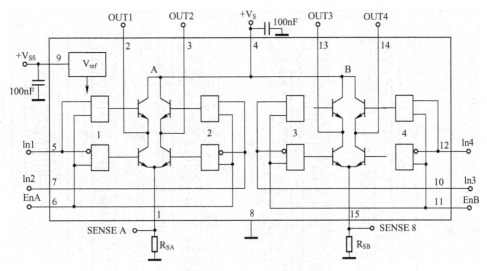

图 8-6 L298N 内部结构图

表 8-2 L298N 芯片控制逻辑

ENA（ENB）	IN1（IN3）	IN2（IN4）	电 动 机
0	×	×	停止
1	1	1	停止
1	1	0	正转
1	0	1	反转
1	0	0	停止

8.2.2 智能小车电动机驱动的硬件电路设计

1. 芯片电路设计

任务 8.2 是控制智能小车的速度和方向，并能通过按键实时调整小车的速度，数码管显示占空比。根据任务要求，智能电动机驱动采用 L298N 芯片，数码管显示 PWM 波形的占空比，用按键输入调整 PWM 的占空比。按键电路直接采用任务 4.1 的独立按键模块，数码管显示电路直接采用任务 3.2 的数码管动态显示模块。

这里详细讲解 L298N 芯片驱动电路设计，L298N 芯片没有与单片机直接相连，而是增加了光电耦合器 TLP521。它以光媒介来传输电信号，通常把发光器件（红外线发光二极管 LED）与光敏器件（光敏半导体管）封装在同一管壳内。当输入端施加电信号时发光器发出光线，受光敏器件接收光线后就产生光电流，从输出端流出，从而实现了"电-光-电"的转换。在直流电动机驱动电路中加入光电耦合器的作用是实现输入、输出电信号的电气隔离，避免 L298N 芯片的大电流对单片机的影响。光电耦合器 TLP521 有不同的封装，这里采用 TLP521-1，即一个光耦芯片里集成一个光电隔离通道。TLP521-1 的 1 和 2 两脚是发光侧，3 和 4 两脚是受光侧。其中 1 脚通过上拉电阻接 +5 V，2 脚接单片机，3 脚接 L298N 芯片，4 脚通过上拉电阻接 +5 V。

因为电动机是电感性负载，当电动机停止或换向时，会产生反向感生电动势，如果不释放就会击穿驱动芯片，所以在电动机两端加了 4 个整流二极管，消耗产生的反向感生电势，保护 L298N 芯片。其相应电路设计如图 8-7 所示。

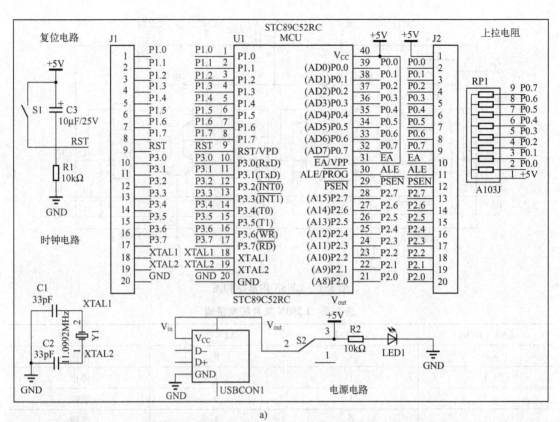

a)

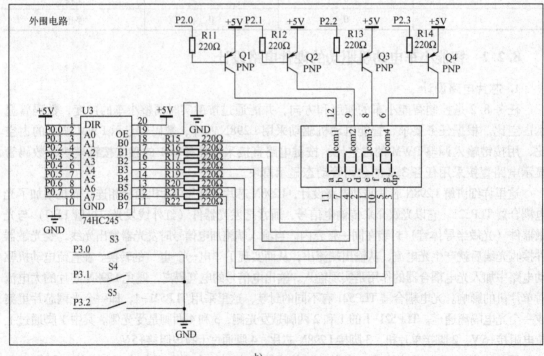

b)

图 8-7　智能小车控制电路图

a）单片机 PWM 脉冲控制电动机转速 a　b）单片机 PWM 脉冲控制电动机转速 b

224

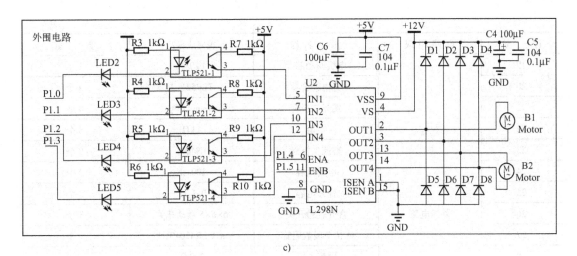

c)

图 8-7 智能小车控制电路图（续）

c）单片机 PWM 脉冲控制电动机转速 c

2. 准备元器件及工具

本任务需要焊接电机驱动接口电路，数码管显示的外围电路直接采用任务 3.2 焊接的电路模块，所需的元器件及工具（见表 8-3）。

表 8-3　智能小车控制电路所需元器件

序　号	电路组成	元件名称	规格或参数	数　量
1		电阻	10 kΩ	2 个
2		排阻	10 kΩ	1 个
3		电解电容	10 μF	1 个
4		瓷片电容	30 pF	2 个
5		晶振	12 MHz	1 个
6		万用板	5 cm×7cm	1 块
7	最小系统	DIP40 锁紧座	40PIC	1 个
8		常开触开关	6×6×5 微动开关	1 个
9		发光二极管	3 mm 红色	1 个
10		自锁开关	8×8	1 个
11		USB 插座	A 母	1 个
12		排针	40 针	1 个
13		晶振底座	3 针圆孔插座	1 个
14		焊烙铁	50 W 外热式	1 把
15		焊锡丝	0.8 mm	若干
16	焊接工具	斜口钳	5 寸	1 把
17		镊子	ST-16	1 个
18		吸锡器		1 把

序　号	电路组成	元件名称	规格或参数	数　量
19		电机驱动芯片	L298N	1个
20		光电耦合器	TLP521-1	4个
21		发光二极管	3mm 红色	4个
22		电阻	1 kΩ	8个
23		整流二极管	1N4007	8个
24		电解电容	100 μF	2个
25		瓷片电容	0.1 μF	2个
26	外围电路	常开轻触开关	6×6×5 微动开关	3个
27		4位7段数码管	Ark SR410401N	1个
28		限流电阻	220 Ω	12个
29		晶体管	PNP（8550）	4个
30		总线收发器	74HC245	1个
31		DIP20 锁紧座	20PIC	1个
32		排针	40 针	1条
33		万用板	5 cm×7 cm	1个

3. 检测元器件

焊接电路之前，根据数据手册确定芯片 L298N 芯片和光电耦合器 TLP521-1 的引脚。

4. 焊接电路

根据图 8-7 可知，数码管显示电路和按键电路不需要焊接，这里只需要焊接电动机驱动电路。驱动芯片采用 L298N 芯片，该芯片内部集成 2 个 H 桥驱动电路，可以驱动 2 个电动机。L298N 芯片引脚 IN1、IN2、IN3 和 IN4 通过光耦 TLP521 与单片机 P1.0、P1.1、P1.2 和 P1.3 连接。L298N 芯片引脚 ENA 和 ENB 与单片机的 P1.4 和 P1.5 连接。L298N 芯片有 5V 和 12V 两种电源输入，L298N 芯片引脚 SENSING A 和 SENSING A 直接接地。L298N 芯片的输出 OUT1 和 OUT2 接电动机 1，L298N 芯片的输出 OUT3 和 OUT4 接电动机 2。焊接好的电动机驱动电路的正面和反面如图 8-8 和 8-9 所示。

图 8-8　智能小车电动机驱动电路的正面

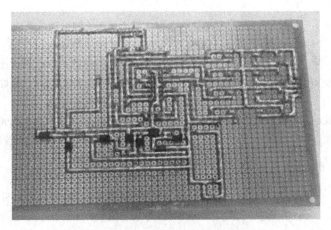

图 8-9　智能小车电动机驱动电路的反面

8.2.3　编程实现 PWM 脉冲控制智能小车速度和方向

1. 编程任务

用 3 个按键调整智能小车的速度和方向，并将 PWM 波的占空比用数码管显示。

2. 编程思路

编程任务为用按键调整智能小车的速度和方向，并用数码管显示 PWM 波的占空比，根据编程要求，编程流程如下：

1）读取 3 个按键。当 key1 被按下时，智能小车正转；当 key1 再次被按下时，智能小车反转。按键 key2 被按下时，智能小车加速，占空比值加 5；按键 key3 被按下时，智能小车减速，占空比值减 5。

2）数码管显示占空比。将按键程序中获取的占空比值，用两位数码管动态显示。

3）PWM 波输出。PWM 波产生的方法与任务 8.1 类似，用定时中断产生占空比不同的方波。占空比由按键状态确定其值。

其相应源程序如下：

```
#include<reg52.h>                          //头文件
#define uchar unsigned char                //定义 unsigned char 为 uchar
#define uint   unsigned int                //定义 unsigned int 为 uint
#define LEDDIG P2                           //定义 P2 为 LEDDIG
#define LEDSEG P0                           //定义 P0 为 LEDSEG
sbit IN1=P1^0;                             //位定义，L298N 芯片控制信号
sbit IN2=P1^1;
sbit IN3=P1^2;
sbit IN4=P1^3;
sbit ENA=P1^4;
sbit ENB=P1^5;
sbit key1=P3^0;                            //按键 1 用于控制电动机正反转
sbit key2=P3^1;                            //按键 2 用于控制电动机加速
```

227

```
sbit key3 = P3^2;                                    //按键 3 用于控制电动机减速
uint counter = 0;                                    //无符号整型变量 counter
uint PWM = 20;                                       //无符号整型变量 PWM, 占空比
uint CYCLE = 100;                                    //无符号整型变量 CYCLE, 周期
uchar k;                                             //无符号字符变量 k
uchar code LED8Code[ ] = {0xc0,0xf9,0xa4,0xb0,0x99,0x92,0x82,0xf8,0x80,0x90};
                                                     //共阳极数码管"0~9"字形码值
void delay(uint t);                                  //延时子函数声明
void keyscan( );                                     //按键扫描子函数声明
void init( );                                        //定时器中断初始化子函数声明
void display( );                                     //显示子函数声明

void main( )                                         //主函数
{init( );                                            //定时器初始化
 while(1)
 {keyscan( );                                        //按键扫描
  display( );}                                       //数码管显示
}
void init( )                                         //定时中断初始化
{TMOD = 0X01;                                        //定时器 T0 工作方式 0
 EA = 1;                                             //设置中断总允许开关
 TH0 = (65536-5000)/256;                             //定时器初始值设置为 5000 μs 和 12 MHz
 TL0 = (65536-5000)%256;
 ET0 = 1;                                            //定时器 T0 中断允许
 TR0 = 1;                                            //启动定时器 T0
 IN1 = 1;                                            //电动机 1 和电动机 2 正转
 IN2 = 0;
 IN3 = 1;
 IN4 = 0;}

void keyscan( )                                      //按键扫描
{
   if(key1 = = 0)                                    //查询法按键 key1 是否被按下
   {delay(10);                                       //延时去抖动
     if(key1 = = 0)                                  //再次判断按键 key1 是否被按下
     {while(!key1);                                  //等待按键被松开
      IN1 = ~IN1;                                    //电动机反向
      IN2 = ~IN2;
      IN3 = ~IN3;
      IN4 = ~IN4;}
   }
   if(key2 = = 0)                                    //查询法按键 key2 是否被按下
```

```
  {delay(10);                              //延时去抖动
    if(key2==0)                            //再次判断法按键 key2 是否被按下
    {while(!key2);                         //等待按键被松开
    PWM+=5;                                //占空比+5
    if(PWM>CYCLE)                          //如果占空比>100,占空比置"0"
        PWM=0;}
  }
  if(key3==0)                              //查询法按键 key3 是否被按下
  {delay(10);                              //延时去抖动
   if(key3==0)                             //再次判断法按键 key3 是否被按下
   {while(!key3);                          //等待按键被松开
    if(PWM>0)                              //如果占空比大于 0, 占空比-5
    PWM-=5;
    else                                   
      PWM=100;}                            //如果占空比小于 0, 占空比置"100"
  }
}
void  display()                           //数码管显示
{ LEDDIG=0x02;                             //位选十位数码管
   LEDSEG=LED8Code[PWM/10];                //显示十位
   delay(5);                               //延时
   LEDDIG=0x01;                            //位选个位数码管
   LEDSEG=LED8Code[PWM%10];                //显示个位
   delay(5);}                              //延时

void timer0()  interrupt 1                 //定时器 T0 中断子函数
{TR0=0;                                    //停止定时器 T0
 TH0=(65536-5000)/256;                     //给时器重新赋初值
 TL0=(65536-5000)%256;
 counter++;                                //变量 counter 值加 1
 if(counter<PWM)                           //定时器中断产生 PWM 波,
 {                                         //PWM 波高电平持续时间 5000 μs×20
  ENA=1;
  ENB=1;}
 else                                      // PWM 波低电平持续时间 5000 μs×20
 {ENA=0;
  ENB=0;}
 if(counter==CYCLE)
 {counter=0;
 }
```

```
    TR0 = 1;                          //启动定时器 T0
}

void delay( unsigned int k )          //延时 t×1 ms, 针对 12 MHz
{    unsigned char i;
     while( --k )
     {for( i = 124; i>0; i-- ); }

}
```

3. 下载程序、连接电路和观察实验结果

编译源程序, 生成 HEX 文档, 其下载到 STC 单片机中。用 6 根导线将单片机 P1 端口与电机驱动板连接, 用两根导线将单片机 P2 端口与数码管的位选连接, 用 8 根导线将单片机 P0 端口与数码管的段选连接, 用 3 根导线将单片机 P3 端口与按键连接。接通电源, 通过按键 key1 控制小车轮子反向, 按键 key2 控制小车加速, 按键 key3 控制小车减速, 实验效果如图 8-10, 图 8-11 和图 8-12 所示。

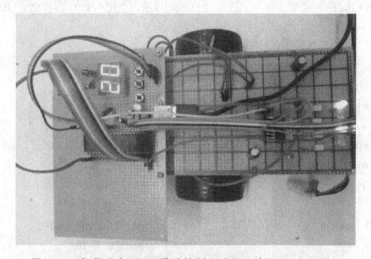

图 8-10 智能小车 PWM 脉冲控制电动机 (占空比 "20%")

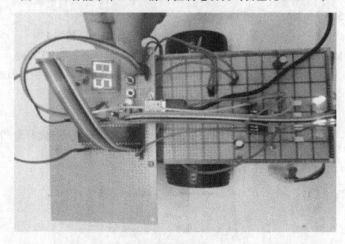

图 8-11 智能小车 PWM 脉冲控制电动机 (占空比 "50%")

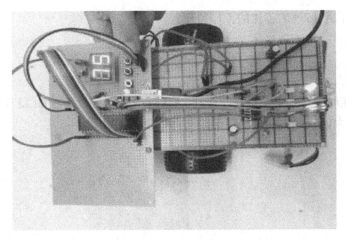

图 8-12　智能小车 PWM 脉冲控制电动机（占空比"75%"）

项目小结

通过本项目的学习，首先掌握 PWM 的基本概念，掌握单片机输出 PWM 波编程方法，特别是定时器中断输出 PWM 波的编程方法；其次是掌握 L298N 芯片的内部结构及工作原理，并能设计电动机驱动电路、编写电动机控制程序。

习题与制作

一、填空题

1. PWM 控制技术的理论依据是_____。

2. 对于一个给定的周期信号，高电平所占的时间和总的一个周期时间之比叫作_____。

3. 单片机输出 PWM 波方法有_____和_____。

4. L298N 驱动芯片内含_____H 桥，可以驱动直流电动机和步进电机。

5. L298N 驱动芯片控制端信号分别为 _____、_____、_____、_____、_____和_____，这 6 个控制信号可以用来控制两个直流电动机的正转、反转和制动。

二、选择题

1. 在直流电机控制实验中，通过改变 PWM 信号的（　　），可以控制电动机的转速。

　　A 周期　　　　　　　B 频率　　　　　　　C 幅值　　　　　　　D 占空比

2. 下面哪种芯片是采用光电隔离技术的（　　）。

　　A TLP521　　　B、ISO7221　　　C、ADuM1201　　　D、Si8421

3. 直流电动机驱动模块中电动机两侧的整流二级管的作用是（　　）。

　　A 开关作用　　　B 整流作用　　　C 稳压作用　　　D 续流作用

三、问答题

1. 什么是光电耦合器？简述其主要结构。

2. 简述驱动芯片 L298N 芯片的工作原理?

四、制作题

利用单片机定时器产生 PWM 波，控制 LED 灯的亮度，按键控制 LED 灯亮度变化，当 PWM 值增加到最大值或减少到最小值时蜂鸣器将报警。

附录 A MCS-51 系列单片机指令表

序　号	助 记 符	指 令 功 能	字节数	周期数
		数据传送类指令		
1	MOV A, Rn	寄存器内容送入累加器	1	1
2	MOV A, direct	直接地址单元中的内容送入累加器	2	1
3	MOV A, @ Ri	间接 RAM 中的内容送入累加器	1	1
4	MOV A, #data	立即数送入累加器	2	1
5	MOV Rn, A	累加器内容送入寄存器	1	1
6	MOV Rn, direct	直接地址单元中的数据送入寄存器	2	2
7	MOV Rn, #data	立即数送入寄存器	2	1
8	MOV direct, A	累加器内容送入直接地址单元	2	1
9	MOV direct, Rn	寄存器内容送入直接地址单元	2	2
10	MOV direct, direct	直接地址单元中的内容送入另一个直接地址单元	3	2
11	MOV direct, @ Ri	间接 RAM 中的数据送入直接地址单元	2	2
12	MOV direct, #data	立即数送入直接地址单元	3	2
13	MOV @ Ri, A	累加器内容送入间接 RAM 单元	1	1
14	MOV @ Ri, direct	直接地址单元数据送入间接 RAM 单元	2	2
15	MOV @ Ri, #data	立即数送入间接 RAM 单元	2	1
16	MOV DRTR, #data16	16 位立即数送入地址寄存器	3	2
17	MOVX A, @ Ri	外部 RAM（8 位地址）的内容送入累加器	1	2
18	MOVX A, @ DPTR	外部 RAM（16 位地址）的内容送入累加器	1	2
19	MOVX @ Ri, A	累加器送入外部 RAM（8 位地址）	1	2
20	MOVX @ DPTR, A	累加器送入外部 RAM（16 位地址）	1	2
21	MOVC A, @ A+DPTR	以 DPTR 为基址变址寻址单元中的内容送入累加器	1	2
22	MOVC A, @ A+PC	以 PC 为基址变址寻址单元中的内容送入累加器	1	2
23	PUSH direct	直接地址单元中的数据压入堆栈	2	2
24	POP direct	出栈送直接地址内容单元	2	2
25	XCH A, Rn	寄存器与累加器交换	1	1
26	XCH A, direct	直接地址单元内容与累加器交换	2	1
27	XCH A, @ Ri	间接 RAM 的内容与累加器交换	1	1
28	XCHD A, @ Ri	间接 RAM 的低半字节与累加器交换	1	1
		算术运算类指令		
1	ADD A, Rn	寄存器内容加到累加器	1	1

序　号	助　记　符	指　令　功　能	字节数	周期数
2	ADD A, direct	直接地址单元的内容加到累加器	2	1
3	ADD A, @Ri	间接 ROM 的内容加到累加器	1	1
4	ADD A, #data	立即数加到累加器	2	1
5	ADDC A, Rn	寄存器内容带进位加到累加器	1	1
6	ADDC A, direct	直接地址单元的内容带进位加到累加器	2	1
7	ADDC A, @Ri	间接 ROM 的内容带进位加到累加器	1	1
8	ADDC A, #data	立即数带进位加到累加器	2	1
9	SUBB A, Rn	累加器带借位减寄存器内容	1	1
10	SUBB A, direct	累加器带借位减直接地址单元的内容	2	1
11	SUBB A, @Ri	累加器带借位减间接 RAM 中的内容	1	1
12	SUBB A, #data	累加器带借位减立即数	2	1
13	INC A	累加器加 1	1	1
14	INC Rn	寄存器加 1	1	1
15	INC direct	直接地址单元内容加 1	2	1
16	INC @Ri	间接 RAM 单元内容加 1	1	1
17	INC DPTR	地址寄存器 DPTR 加 1	1	2
18	DEC A	累加器减 1	1	1
19	DEC Rn	寄存器减 1	1	1
20	DEC direct	直接地址单元内容减 1	2	1
21	DEC @Ri	间接 RAM 单元内容减 1	1	1
22	DA A	累加器十进制调整	1	1
23	MUL AB	A 乘以 B	1	4
24	DIV AB	A 除以 B	1	4
逻辑和移位运算类指令				
1	ANL A, Rn	累加器与寄存器相与	1	1
2	ANL A, direct	累加器与直接地址单元内容相与	2	1
3	ANL A, @Ri	累加器与间接 RAM 中的内容相与	1	1
4	ANL A, #data	累加器与立即数相与	2	1
5	ANL direct, A	直接地址单元内容与累加器相与	2	1
6	ANL direct, #data	直接地址单元内容与立即数相与	3	2
7	ORL A, Rn	累加器与寄存器相或	1	1
8	ORL A, direct	累加器与直接地址单元内容相或	2	1
9	ORL A, @Ri	累加器与间接 RAM 中的内容相或	1	1
10	ORL A, #data	累加器与立即数相或	2	1
11	ORL direct, A	直接地址单元内容与累加器相或	2	1
12	ORL direct, #data	直接地址单元内容与立即数相或	3	2

序　号	助　记　符	指　令　功　能	字节数	周期数
13	XRL A, Rn	累加器与寄存器相异或	1	1
14	XRL A, direct	累加器与直接地址单元内容相异或	2	1
15	XRL A, @Ri	累加器与间接 RAM 中的内容相异或	1	1
16	XRL A, #data	累加器与立即数相异或	2	1
17	XRL direct, A	直接地址单元内容与累加器相异或	2	1
18	XRL direct, #data	直接地址单元内容与立即数相异或	3	2
19	CLR A	累加器清零	1	1
20	CRL A	累加器求反	1	1
21	RL A	累加器循环左移	1	1
22	RLC A	累加器带进位位循环左移	1	1
23	RR A	累加器循环右移	1	1
24	RRC A	累加器带进位位循环右移	1	1
25	SWAP A	累加器半字节交换	1	1
		位（布尔变量）操作类指令		
1	CLR C	清进位位	1	1
2	CLR bit	清直接地址位	2	1
3	SETB C	置进位位	1	1
4	SETB bit	置直接地址位	2	1
5	CPL C	进位位求反	1	1
6	CPL bit	直接地址位求反	2	1
7	ANL C, bit	进位位和直接地址位相与	2	2
8	ANL C, /bit	进位位和直接地址位的反码相与	2	2
9	ORL C, bit	进位位和直接地址位相或	2	2
10	ORL C, /bit	进位位和直接地址位的反码相或	2	2
11	MOV C, bit	直接地址位送入进位位	2	1
12	MOV bit, C	进位位送入直接地址位	2	2
		控制转移类指令		
1	LJMP addr16	长转移	3	2
2	AJMP addrl1	绝对（短）转移	2	2
3	SJMP rel	相对转移	2	2
4	JMP @A+DPTR	相对于 DPTR 的间接转移	1	2
5	JZ rel	累加器为零转移	2	2
6	JNZ rel	累加器非零转移	2	2
7	JC rel	进位位为 1, 则转移	2	2
8	JNC rel	进位位为 0, 则转移	2	2
9	JB bit, rel	直接地址位为 1, 则转移	3	2

序 号	助 记 符	指 令 功 能	字节数	周期数
10	JNB bit，rel	直接地址位为 0，则转移	3	2
11	JBC bit，rel	直接地址位为 1，则转移，该位清零	3	2
12	CJNE A，direct，rel	累加器与直接地址单元内容比较，不相等则转移	3	2
13	CJNE A，#data，rel	累加器与立即数比较，不相等则转移	3	2
14	CJNE Rn，#data，rel	寄存器与立即数比较，不相等则转移	3	2
15	CJNE @Ri，data，rel	间接 RAM 单元内容与立即数比较，不相等则转移	3	2
16	DJNZ Rn，rel	寄存器减 1，非零转移	3	2
17	DJNZ direct，rel	直接地址单元内容减 1，非零转移	3	2
18	ACALL addr11	绝对（短）调用子程序	2	2
19	LCALL addr16	长调用子程序	3	2
20	RET	子程序返回	1	2
21	RETI	中断返回	1	2
22	NOP	空操作	1	1

附录 B ASCII 码表

（American Standard Code for Information Interchange 美国标准信息交换代码）

高四位 — ASCII 控制字符（0000 / 0，0001 / 1）；ASCII 打印字符（0010 / 2，0011 / 3，0100 / 4，0101 / 5，0110 / 6，0111 / 7）

低四位	十进制	字符	Ctrl	代码	转义字符	字符解释	十进制	字符	Ctrl	代码	转义字符	字符解释	十进制	字符	十进制	字符	十进制	字符	十进制	字符	十进制	字符	十进制	字符	Ctrl
0000 0	0		^@	NUL	\0	空字符	16	►	^P	DLE		数据链路转义	32		48	0	64	@	80	P	96	、	112	p	
0001 1	1	☺	^A	SOH		标题开始	17	◄	^Q	DC1		设备控制1	33	!	49	1	65	A	81	Q	97	a	113	q	
0010 2	2	●	^B	STX		正文开始	18	↕	^R	DC2		设备控制2	34	"	50	2	66	B	82	R	98	b	114	r	
0011 3	3	♥	^C	ETX		正文结束	19	‼	^S	DC3		设备控制3	35	#	51	3	67	C	83	S	99	c	115	S	
0100 4	4	♦	^D	EOT		传输结束	20	¶	^T	DC4		设备控制4	36	$	52	4	68	D	84	T	100	d	116	t	
0101 5	5	♣	^E	ENQ		查询	21	§	^U	NAK		否定应答	37	%	53	5	69	E	85	U	101	e	117	u	
0110 6	6	♠	^F	ACK		肯定应答	22	▬	^V	SYN		同步空闲	38	&	54	6	70	F	86	V	102	f	118	v	
0111 7	7	•	^G	BEL	\a	响铃	23	↨	^W	ETB		传输块结束	39	'	55	7	71	G	87	W	103	g	119	w	
1000 8	8	◘	^H	BS	\b	退格	24	↑	^X	CAN		取消	40	(	56	8	72	H	88	X	104	h	120	x	
1001 9	9	○	^I	HT	\t	横向制表	25	↓	^Y	EM		介质结束	41	)	57	9	73	I	89	Y	105	i	121	y	
1010 A	10	◎	^J	IF	\n	换行	26	→	^z	SUB		替代	42	*	58	:	74	J	90	Z	106	j	122	z	
1011 B	11	♂	^K	VT	lv	纵向制表	27	←	^[	ESC	\e	溢出	43	+	59	;	75	K	91	[	107	k	123	{	
1100 C	12	♀	^L	FF	\f	换页	28	∟	^\	FS		文件分隔符	44	,	60	<	76	L	92	\	198	l	124	|	
1101 D	13	♪	^M	CR	\r	回车	29	↔	^]	GS		组分隔符	45	-	61	=	77	M	93	]	109	m	125	}	
1110 E	14	♫	^N	SO		移出	30	▲	^^	RS		记录分隔符	46	.	62	>	78	N	94	^	110	n	126	~	
1111 B	25	☼	^O	SI		移入	31	▼	^-	US		单元分隔符	47	/	63	?	79	O	95	_	111	o	127	△	Backspace 代码:DEL

注:表中的 ASCII 字符可以用"Alt+键盘上的数字键"方法输入。

附录 C 常用芯片引脚

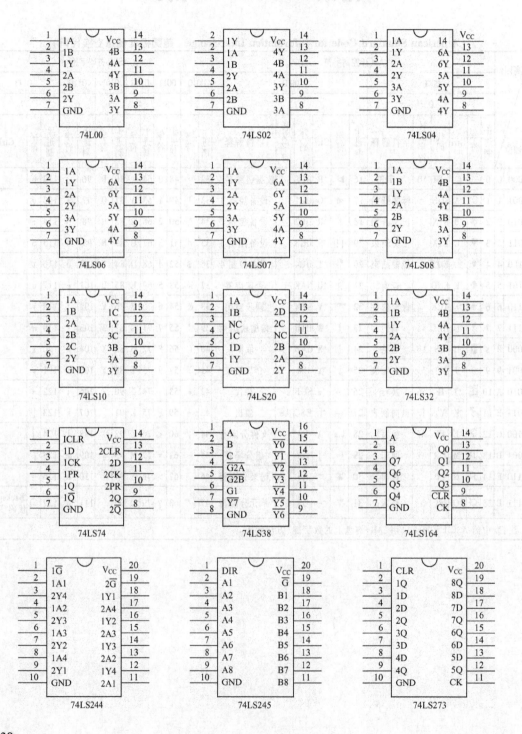

74L00

74LS02

74LS04

74LS06

74LS07

74LS08

74LS10

74LS20

74LS32

74LS74

74LS38

74LS164

74LS244

74LS245

74LS273

238

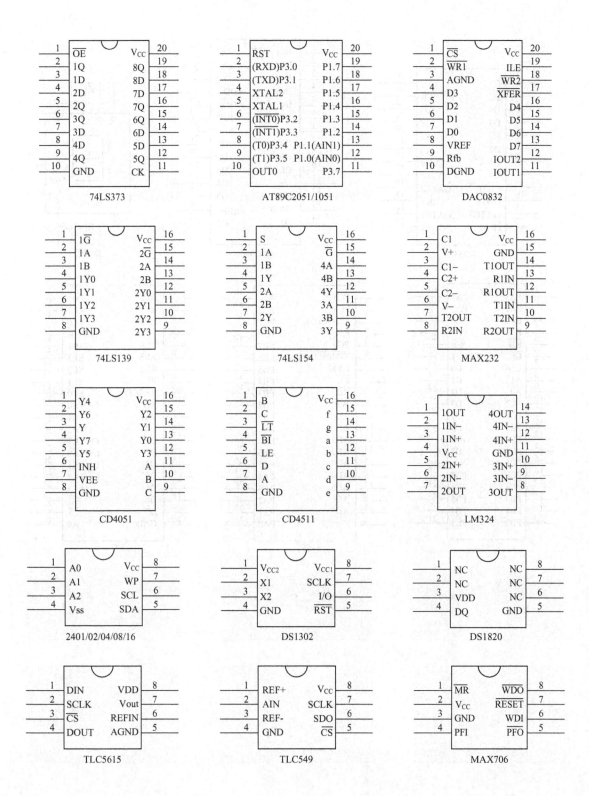

74LS373

AT89C2051/1051

DAC0832

74LS139

74LS154

MAX232

CD4051

CD4511

LM324

2401/02/04/08/16

DS1302

DS1820

TLC5615

TLC549

MAX706

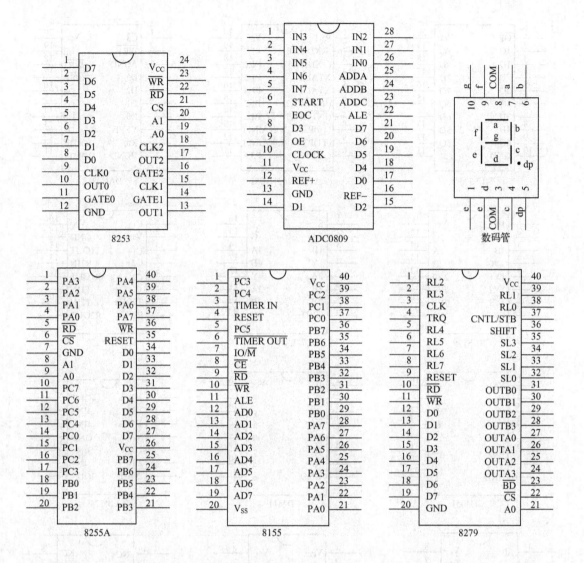

参 考 文 献

[1] 童诗白，华成英．模拟电子技术基础［M］．北京：高等教育出版社，2000.

[2] 邵淑华．单片机汇编语言程序 100 例［M］．北京：中国电力出版社，2014.

[3] 赵林惠，李一男，赵双华．基于 Proteus 和汇编语言的单片机原理、应用与仿真［M］．北京：科学出版社，2014.

[4] 袁东，周新国．51 单片机典型应用 30 例（基于 Proteus 仿真）［M］．北京：清华大学出版社，2016.

[5] 侯玉宝，陈忠平，邬书跃．51 单片机 C 语言程序设计经典实例［M］．第 2 版．北京：电子工业出版社，2016.

[6] 张毅刚，刘旺，邓立宝．单片机原理及接口技术（C51 编程）［M］．第 2 版．北京：人名邮电出版社，2016.

[7] 程国刚，文坤，王祥仲，等．51 单片机常用模块设计查询手册［M］．北京：清华大学出版社，2016.